给孩子的
18堂财商课

郝旭烈　著

图书在版编目（CIP）数据

给孩子的18堂财商课／郝旭烈著.
—北京：中国青年出版社，2024.2
ISBN 978-7-5153-7191-7

Ⅰ.①给… Ⅱ.①郝… Ⅲ.①财务管理－青少年读物 Ⅳ.①TS976.15-49

中国国家版本馆 CIP 数据核字（2024）第010871号

给孩子的18堂财商课

作　　者：郝旭烈
责任编辑：宋希晔
美术编辑：杜雨萃
出　　版：中国青年出版社
发　　行：北京中青文文化传媒有限公司
电　　话：010-65511272／65516873
公司网址：www.cyb.com.cn
购书网址：zqwts.tmall.com
印　　刷：大厂回族自治县益利印刷有限公司
版　　次：2024年2月第1版
印　　次：2024年2月第1次印刷
开　　本：880mm×1230mm　1／32
字　　数：60千字
印　　张：7.25
京权图字：01-2023-2484
书　　号：ISBN 978-7-5153-7191-7
定　　价：59.90元

Contents 目录

推荐序

作者序

学习经济运作本质

理解致富方法工具

下篇

洞察正确财务思维

推荐序

得先把自己变成富小孩，才能教出富小孩

认识郝哥，起因于阅读《好懂秒懂的财务思维课》，后来在他讲授的亲子财商课程上，立马被他圈粉！因为郝哥真的好会说故事、讲财商！

课堂上他分享了两位女儿对于金钱的认知边界，从跟爸妈领固定的零用钱，到开始自己想方设法做生意赚钱而大展身手。郝哥从头到尾都没有任何干涉与阻止，而是通过陪伴与提问，趁机让她们从中学习到营销跟成本等相关的财务概念。

在课堂最后他强调："千万不要因为父母的狭隘，造成孩子的阻碍。"

我想，这句话当时一定重击了许多父母的心！因为有好多人跟着复诵这句话！

老实说，当时我听着听着，是羡慕郝哥的两位女儿的。因为在我小时候，父母和学校完全没有教如何理财，以及相关的财商思维。

虽然我的父亲在我九岁时曾带我去银行开户定存，但也就仅此而已。学校虽然考过单利跟复利怎么算，但我从没联想到现实中的投资观念。

人生路上跌跌撞撞，浪费许多时间跟金钱，到了三十岁才开始学理财，把这些曾经学过的知识单点拼拼凑凑成面。

相信大多数人跟我一样，生命中并没有一个像郝哥这样有财商思维的爸爸，可以引导我们学习正确的理财之道。甚至当财商思维得到越来越多的推广时，我们也没有足够的能力，可以陪伴自己的孩子成为一个富小孩。

这时我们可以主动出击，阅读郝哥的《富小孩与穷小孩》系列书籍，先让自己变成富小孩吧！

书中旭凯老师在课堂中与学生的问与答，以及每一章节最后的思考设计，不仅让你学到财商知识后变成富小孩，也让你学会如何教出富小孩！

富小孩的财商思维，是会代代流传的！一切就从我们这代开始！

小　印

《财富自由的整理炼金术》作者、整理炼金术师

有富脑袋，才有富口袋

我大学读电机，研究生读企管，步入社会后从未做过电机相关工作。有人说，这不是很可惜吗？我后来知道这叫“沉没成本”。对待沉没成本，最好的方式是“放下它，向前看”。

经济学帮我们看清世界怎么运作，提供行为建议，帮我们走向富足。我对这门学问，相见恨晚，要是早早接触，当年也不至于做出很多愚蠢的决定。如果你有小孩，孩子一定跟你出入各大卖场，四处旅游，吵着要这个、要那个……每天，孩子都处于经济活动现场，但他并不知道背后的运作逻辑。麻烦的是，你也不知道怎么跟孩子说。那么多日常活动像细沙，里面蕴藏着知识黄金，你跟孩子都淘不出来。没关系，交给郝哥。

郝哥的每一本书我都读过，他有一种神奇的魔力，不管财务报表、投资理财、项目管理，都能让毫无基础的人一看就懂。他避开专业高墙，从日常生活入手，告诉你专业知识怎么用在生活中，简单明白好上手，像极了数码产品，拿来就用。

上一本《富小孩与穷小孩》跟这本，也是如此。孩子们的主要生活场景是课堂，郝哥巧妙地将重要的经济学概念融入课堂上老师跟学生们生活化的互动问答中。不知不觉，一下就了解为什么用“货币交易”比“以物易物”更方便。类似的还有：为什么光存钱不够？因为未来一个面包的价钱可能是现在的十倍。为什么iPhone手机便宜20元你没感觉，手机壳便宜20元却有感觉？因为“锚定效应”。为什么你跟商家讨价还价半天，他最后会同意降价？因为商家厌恶损失沉没成本啊……你一定听过“庖丁解牛”的故事。

庖丁刚开始杀牛时，看到的是一头牛。三年后，他看到的不再是牛，而是骨架经络，一个精简架构，然后游刃有余，19年没换刀。郝哥也给出了这样的精简架构，让我们在做日常决定时游刃有余，迈向富足。富足是一种结果，是一连串决策、行为的累积。我们得先明白世界的运作规律，什么决策会通往富足？什么又会通往穷困？要“致富”，先“智富”。困难的淘金工作交给郝哥，我们跟孩子只要把收获的金银，给大脑“镶金又包银”就可以。

我们中的大多数，既不是第一代企业家，也不是第二代。然而，如果我们早早协助孩子，明白生活中经济的运作规律，让孩子产生兴趣……那么，成为企业家上一代，也不是不能期待。

火星爷爷

企业讲师、火星学校创办人

给孩子最好的人生礼物

人生如果可以重来，

我要更早开始学习财务观念，

可惜人生不能重来，

所以帮孩子培养“财商”，

提早教孩子学会投资理财的思维，

是我认为可以给孩子最好的人生礼物。

可惜很多的课程以及书籍，

都让我觉得很生硬。

感谢很有专业知识同时也很会说故事的郝哥，

出了《富小孩与穷小孩》这一系列的书。

《给孩子的18堂财商课》这本书利用十八章节，

帮助读者学习经济运作本质，培养好的习惯，洞察正确财务思维。

通过书中老师与学生简单轻松的对谈场景，

把艰难的概念说得通透易懂又有趣。

每个章节不只有易懂有趣的生活场景，

还有三条重点摘要，

同时设计题目去引发读者思考，

帮助你融会贯通，

运用在生活中。

我习惯在餐桌晚餐时间，借由跟两个孩子聊天讨论，

开启他们对各领域的学习好奇与深究。

而郝哥这本书的设计，

刚好很适合我与孩子对谈内容的参考。

那天我就利用了这本书的方式，

跟孩子热烈讨论了锚定效应跟禀赋效应。

讨论完毕，

他们开始搜索这两个效应的更多内容，

还说他们想要自己读这本书。

这本书不仅可以丰富我们的知识，

还可以丰富我们的亲子关系，

也邀请你来试试看。

布　姐

生涯顾问／布姐陪你聪明工作创意生活

当学生有“学习动机”时，便是皆大欢喜的“美丽事迹”

阅读完《给孩子的18堂财商课》之后，我只有一个感想，真心推荐有心想要增加“亲子财商思维”的爸爸妈妈们，都来买这本书，当然，最好把《富小孩与穷小孩》第一部也一并收藏。

我曾经在银行业摸爬滚打二十年，也担任过银行“走入校园巡回理财讲座”的讲师十余年，我跑遍两百多所小学、中学、大学，与孩子们分享一堂财商课。

各界都已意识到学生对存钱、用钱、赚钱等相关知识非常匮乏，希望我们这群金融业界讲师，深入民间，培养孩子的理财观。说实话，要教好这堂课，真的不是容易的事。学生没兴趣听老师说教、学生注意力不集中、学生容易瞎起哄，种种原因都会让老师在课堂上疲于奔命且没有成就感。

我刚开始教学时，也遇到上述这些情况。但是后来我找到让孩子乖乖听我上课的秘密武器，那就是“丢出好问题，让学生思考”。当孩子听到一个与他切身相关的财经议题时，他会感兴趣，也乐于讨论。如果老师幽默风趣、博学多闻，那么学生一定很喜欢上这堂课。

当学生有“学习动机”时，老师就有“教学实绩”，这便是皆大欢喜的“美丽事迹”。

当我一边阅读郝哥的《给孩子的18堂财商课》，一边回想当年自己的教学现场时，我的嘴角是上扬的，因为我总觉得自己对理财教育有少许的贡献。但我深知，郝哥的贡献大我数万倍，因为他能把实用易懂有趣的理财教育方式、方法汇集到这本书中，造福更多家庭的孩子，实感敬佩。

吴家德

NU PASTA总经理、职场作家

用生活化方式演绎，让孩子多了解社会运作形式

我自己在郝旭烈老师的第一本著作《富小孩与穷小孩》出版时就马上购入，想多了解曾在淡马锡集团担任财务长的郝旭烈老师如何跟孩子讲解财商思维。我一拜读完就马上跟孩子分享书中的内容，觉得《富小孩与穷小孩》这本书真的太棒了，心想着不知道何时可以拜读续作。郝旭烈老师仿佛听到了众多读者内心的声音，《给孩子的18堂财商课》即将上市，刚好最近有缘一起录制播客，受邀成为《给孩子的18堂财商课》推荐人之一，荣幸之至。

拜读完《给孩子的18堂财商课》，我觉得很棒的是郝旭烈老师依然采用浅显易懂的、生活化的方式，来演绎重要的基本原则，如货币发明、沉没成本、生命资源等，使读者既能了解原理本身，更重要的是将它们应用到日常生活中。

在“权利让能力更有价值”一篇，郝旭烈老师跟孩子分享画画很有天赋时，也要考取教师证照的必要，让能力与权利相符合。我也运用这篇文章跟孩子分享，让孩子多了解社会运作形式，毕竟，人总是生活在团体当中，需要在团体中历练成长。

在设计方式上，旭凯老师与孩子们的互动贯穿整本书，然后关键内容辅以图片与重点摘要，让读者知道重点所在，运用问题让读者思考应用。我觉得整体设计很赞，内容很容易阅读。诚挚推荐《给孩子的18堂财商课》。

赵胤丞

《小学生高效学习原子习惯》作者

作者序

不是进阶，而是扩张

邀请您一起聆赏："亲子共同与时俱进，从致富到幸福的乐章"

《富小孩与穷小孩》第二部写完之后，跟身边几个好朋友分享，很多人都有类似疑问：

"是不是要看完第一部，才来看第二部？"

"第二部是第一部的进阶版吗？"

"直接看第二部，会不会看不懂？"

……

面对这种系列性出版，大家难免会有如此疑虑。

这时候我通常都会很开心地告诉他们，虽然我的书有一定脉络和系统，但是每一个篇章，不一定要把它当成"连续剧"，也可以把它当成"单元剧"。

换句话说，《富小孩与穷小孩》，不管是第一部或第二部，甚至是里面的每一个篇章、每一课，都可以轻松跳着看、随意看。

系统的学习，固然是我们过去教育的习惯模式，但是在信息和社会样貌变化快速的今天，唯有"探索"和"杂学"才能够多元地和这个世界进行不断的"联结"和"对接"。

所以，虽然我写作都有系统框架，但是在每本书之间，甚至是每个篇章之间，把它变成可以独立吸收的“单元剧”，也是我在撰写时候放入的一点小心思。

本书承袭了第一部的三个架构，“学习经济运作本质”“理解致富方法工具”和“洞察正确财务思维”；教室里的旭凯老师，还是和学生们用贴近生活的方式，靠近生活的环境，以及接近生活的见闻，试着导引互动而非规范标准的潜移默化，让大家能够慢慢进入兼顾财富与幸福的道路。

本书还隐藏了三个没有明说的观念，我称之为富小孩养成的“三不”曲。

希望经过我的分享，所有父母亲和师长都能将它们应用在与孩子们的交流中。

1. 不知道，好骄傲

很多孩子，甚至是大人或父母，在面对自己不知道的事物时，常常都会觉得不好意思、难以启齿，或者有矮人一截的感觉。

但是，谁生下来就能什么都知道呢？

所以在书中，可以看到，不管是老师还是学生，面对所有的新知识和新事物，从来不会因为自己的不知道而有退缩的感觉，或者不敢讨论、不敢发言。

财富累积的关键就在于不断地学习和实践，不断地从不知道到知道。

所以，我常常说不知道才好，因为当我们知道了我们不知道时，我们就开始知道了。

不知道，是知道的开始。

不知道，我们可以很骄傲，因为我们又有新的东西可以学习了，又可以很开心地进步了。可以持续不断地进步，不是一件值得骄傲的事情吗？

2. 不一样，好独特

从小到大，其实每个孩子或多或少都会害怕父母亲口中所谓的“别人家的孩子”。

我小时候最怕听到的是：“为什么你不能和某某某一样？”

甚至我们长大之后，也要常常承受“要和某某某一样有能力、有才华、有前途”类似的比较。

但是在书中，我们可以开心地看到，在面对同样的议题时，不同孩子、不同学生会有不同角度和不同观点；这种多样化的美好，正是学习致富、幸福快乐最重要的瑰宝。

所以我常常把这句话挂在嘴边：

“不一样未必唱反调，不一样只是不一样。”

每一个人的不一样，就是宝贵的独特性。汲取每一个人的不一样，就能够获取更大的知识视野，累积更深的智慧宝库。

3. 不要怕，好有趣

敢说、敢玩、敢试、敢做、敢改；在书中，大家可以随时随处看见，不管是老师还是学生，都有这种“敢”的感觉。

换句话说，是老师和同学们的互动，让大家不害怕，什么事情都愿意分享，什么观点都可以包容，什么角度都可以畅言。在这种情况下，所有学习都会变得非常有趣，所有氛围都会变得非常舒服。

这也是我常常提醒自己的，不管任何事情，“舒服才能够做得久，做得久才比较容易做得好”。

除了金钱之外，其实最大的财富就是时间。

我们常常说的“财富自由”，也就是在赚到钱之后，能够找回自己的时间主动权，让自己的时间或自己的生命能够过得开心、过得舒服。

如果在平时过日子的时候，分分秒秒都不害怕、都好有趣、都好舒服，都感觉在自己的掌握之中，那不就几乎已经达到比致富还更重要的“自由”这个目的了吗？

诚挚地邀请您，在聆赏《给孩子的18堂财商课》这十八篇精心谱制的乐章之时，也能欣赏到我想奉献给您的这“三不”曲的美好弦外之音。

让我们自己和孩子们都一起舒服致富、开心幸福！

郝旭烈 Caesar Hao

上篇

学习 经济运作本质

01

■ 货币：互通有无提高效率

如何换到想要的东西？

学习重点

1. 互相交换是人类满足需求的重要方式
2. 货币发明大幅提高互相交换的效率
3. 货币让人们更有动力持续累积财富

“老师好！”

“老师早！”

“老师，您又变帅了。”

“老师，感觉您好像变黑了？”

……

今天是开学之后的第一堂课，旭凯老师一踏入教室，同学们发出此起彼落的问候声，可以感受到老师和学生之间零距离的气氛。

这也是为什么这堂课，虽然不是升学考试科目，而是属于提升财经素养的主题，却如此受到学生与家长的欢迎和追捧。

“老师，我们要准备开始了吗？”青春洋溢的美少女玮玮，已经忍不住向老师提出了活动开始的发问。

原来在开学之前，旭凯老师就已经通过班上的社交媒体群组告诉同学，在开学第一天上课的时候，每个人从自己家里带一个物品到班上。不管是用不到的旧物品，又或者是新买来的水果、食物，甚至是别人送的礼物都可以带来，因为旭凯老师要带大家玩一场轻松的游戏。

这就是为什么除了玮玮发问之外，班上其他的同学都已经拿着自己的“货物”坐好，等着老师一声令下，就要准备开玩了。

体验以物换物

“大家不要急，先听我说一下游戏规则。”旭凯老师慢慢地环视同学说。

“等会儿所有的同学，把你从家里带来的货物放在桌上，然后在桌上贴上你的名牌，当成是你的店铺。接着你可以去其他同学的桌上看看有没有你喜欢的物品。”

“如果你看到喜欢的，就要问拥有这个物品的同学，是否也喜欢你的？如果双方都喜欢对方的物品，那就可以直接交换，然后回到自己的座位上，把名牌打个钩，这样就行了。”

“大家理解了吗？”旭凯老师问。

“没问题啦！”

“听懂了。”

“理解。”所有同学迫不及待地想要开始交换。

“我们计时10分钟，开始。”旭凯老师一说完，所有的同学就立即周旋在教室之间，仿佛寻宝似的，急切地看看有没有自己喜欢的物品可以交换。

看着教室内桌上琳琅满目的“货物”，有二手的手机、尚未用过的口罩、相框、漂亮的笔记本、几乎全新的二手书，还有不少的食物，例如苹果、便利超商的面包、饭团、蛋黄酥，竟然还有一颗超级吸睛的卷心菜。尤其是那颗卷心菜，俏皮的少安还把他的名字用便利贴贴在上面，吸引大家都跑过去和他一起在卷心菜旁边用手机合照。

在热闹的喧哗声和你来我往商量是否愿意交换的讨论声中，10分钟很快就过去了。

这时候旭凯老师喊了一声："停……"

所有的同学环顾了一下教室，惊讶地发现，竟然没有一个同学坐在自己的位置上，也就是说，这段期间内没有一笔交易完成。

为何换不到东西？

老师请所有同学暂时回到座位，然后问大家这10分钟之内有什么心得。

祺纬第一个举手发言，他说："我带了一个漂亮相框来，虽然看上了好几个同学的东西，但是他们却不觉得换一个相框有什么用，所以我就一直没有交换成功。"

接着他又说："要交换成功好像谈恋爱喔，必须两情相悦，双方同时都要喜欢，真的很不简单。"全班听了哈哈大笑。

旭凯老师频频点头赞许。

"我带的东西是妈妈昨天买的蛋黄酥。"漂亮的莹莹接着发言了，"虽然珊珊很喜欢我的蛋黄酥，但是珊珊带来的是苹果，想到我们家昨天刚买了好多苹果，我怕带回去之后存放太久，来不及吃苹果就坏掉了，所以一直考虑，迟迟没有交换，没想到时间就到了。”

“所以货物存放的时间，是你的主要考虑，对吗?”旭凯老师问。

莹莹睁大眼睛认真地点头。

“我带来的二手书可能太便宜了。”志强大声说，“每个人看到我要换他们的货物，都说我要占他们便宜，还说如果要换这种没什么价值的二手书，我必须再帮他们写功课，他们才愿意和我换东西，实在是太没有人情味了。”他一说完，全班又哄堂大笑。

旭凯老师也忍不住跟着笑了出来，顺带说：“所以，价值不对等的物品，也是很难交换成功的，对吗?”

志强点头如捣蒜。

接着又有好几位同学，也提出了类似的分享。

体会货币的价值

“那么接下来我们换个方式。”旭凯老师继续说，“所有的同学，等会儿用便利贴在你的物品旁边写上你想要出售货物的价格。如果有同学喜欢其他同学的物品，就直接用一张便利贴写上物品价格的数字，当成是货币，放到他的桌上，直接和他完成交易，然后拿走他桌上的物品。”

最后老师又补充道：“一个人只能买一件商品。买完了东西的同学，就可以回到自己的座位上。大家理解了吗？”

“太简单啦！”

“我们都懂了喔！就是买东西嘛……”

“好，那我们同样限时10分钟……开始！”不等旭凯老师发号施令完毕，所有同学已经急如星火跑去“买”东西了。

毕竟，刚才在交换货物的时候，每个人心中都已经有了想要的东西，所以在这个节骨眼，只是要和时间赛跑，赶快先跑到喜欢物品的桌上，“留下货币、带走货物”，就算完成活动了。

才不到5分钟，几乎所有的同学都完成了买卖的环节。剩几个同学，还在很认真地和卖家们讨价还价，想要再砍一点价钱。

而旭凯老师和其他同学，也很有耐心地看着他们杀价交易的模样，还有同学用手机录下来，放到自己的社交平台上。

10分钟后，令人讶异的事情是，和第一个环节的情况完全不同，竟然所有的同学都回到了自己的座位上；也就是说，大家带来的物品都卖出去了，也买到了自己想要的东西。

这个时候旭凯老师又问大家了：“在第二阶段的活动中，有没有同学想要分享什么？尤其是和第一阶段的交换活动，有些什么不同?”

“用货币来买东西简单太多了。”安琪第一个举手发言，“我不用管对方喜不喜欢我的东西，只要是我喜欢的东西，我也觉得价格合理，我直接拿货币去买就行了。”

“对啊，两个人要互相交换到彼此的东西，而且同时要喜欢对方的东西，实在是太不容易了。有了货币之后，我只要直接去购买，这样比交换更有效率，也更容易取得我需要的东西。”少安同意并且补充安琪的意见。

“而且我也不怕交换到很容易坏的东西。”刚才发言的莹莹也进一步分享，“我不想用我的蛋黄酥交换苹果，是因为怕苹果坏掉；但是现在别人用货币来买我的蛋黄酥，那么我就可以把货币存起来，等以后再把货币拿来用，也不怕货币会坏掉。”

“对啊，我也不怕货币坏掉，以后你们最好都把货币给我，所有的货币我都不怕坏掉。”调皮的家齐又把同学们逗得哈哈大笑。

看着大家的笑容，旭凯老师也借着这个机会告诉同学：“这就是货币最大的价值，也是货币被发明出来的原因。”

老师继续说：“在很久很久以前，人们不管是打猎、采果，又或者是农耕，除了自给自足之外，如果要满足额外的需求，最简单的方式就是和别人交换，也就是我们常常听到的‘以物易物’。但是这种方式会产生两个非常不方便的情况：一个是‘需求’必须配合；一个是‘价值’必须配合。

“就像你手中有相框，但是别人对这种相框没有需求，你就没有办法换到想要的东西，这就是‘需求’的配合。

“假设你手中有二手书，但是别人都觉得二手书价值太低，没有办法把高价值的东西换给你，那么你也没有办法完成互换东西的目的，这就是‘价值’的配合。

“而货币的发明可以解决这两个不方便的‘配合’问题。因为每一个人都需要货币，也可以使用货币，货币就可以满足买卖双方的‘需求’。另外，货币有明确的价值，所以不管是买方用货币买东西，还是卖方用货币卖东西，都可以满足买卖双方对货物的认定‘价值’。”

同学们点点头认真听着。

“除了需求和价值的配合之外，”旭凯老师接着说，“如果你不小心换到的东西还有保存期限的问题，就像苹果，那么对于累积财富而言，苹果就不是一个好的‘储存’货物。而货币可以被持续保存下来，它让人们可以有累积财富的动力，为了未来的需求而准备。这是货币被发明出来的另外一个非常重要的价值。”

看到同学们频频点头，旭凯老师在黑板上写下了简单的结论：

1. 互相“交换”以物易物，是人类社会满足彼此需求的重要方法。

2. 货币发明提升了以物易物的效率，让互相交换的“需求”和“价值”因配合得到了提升。

3. 货币发明也让“财富累积”有了保障，让努力成果可以被保存。

下课铃声响起，开启了这学期财商素养学习旅程的第一堂课就此结束。

思考时间

1. 历史上曾有哪些有趣、不同的货币形式？
2. 如果没有货币，人们会用什么方式累积财富？

02

■ 竞争：稀缺资源生存关键

竞争的多种方式

学习重点

1. 资源稀缺本质就会引发互相竞争
2. 竞争就有不同方式以及公平疑虑
3. 价格竞争相对公平并能促进生产

旭凯老师把两个装着东西的大包包放在讲台前的桌上，同学们忍不住开始小声讨论起来，期待着老师接下来要玩的游戏。

旭凯老师打开一包装着很多小袋坚果的袋子，然后要每个同学各拿一包。等所有人都拿到之后，他接着问："是不是每个人很公平地都拿到了？"

大家不约而同地说："是！"

旭凯老师又说："既然每个人都有了，就代表这个小坚果零食对大家而言是足够的，所以大家都不用争了，对不对？"

"对啊。"

"那当然了！"

所有同学此起彼落地说着。

接着旭凯老师又打开另外一个包包，三个透明的包装盒装着的，是三条让人垂涎欲滴的生乳卷，一眼望去是原味、草莓和抹茶口味，令人忍不住想大快朵颐。他问大家："现在这三条生乳卷，如果只能给三个人，那么老师应该怎么分配？"

"看来我们只能争个你死我活了……"家茗一说完，全班同学都嘻嘻哈哈，笑得东倒西歪。

"家茗说得没错。小坚果因为分量足够，所以大家不需要力争；但是生乳卷只有三条，明显不够，假设大家又都饿得受不了，或者都非常想要，那么就需要用特别的方法来竞争了。"旭凯老师补充说。

竞争的方式

看着同学们渴望的眼神，旭凯老师继续说道：“如果说同学们想要通过竞争来赢得这三条生乳卷，那么每个人可以试着说说，用什么样的方式比较能够拥有更大的胜算？”

“我建议比腕力，力气最大的获胜。”人高马大的政雄，双手横在胸前，面露得意的笑容，一副志在必得的样子。

“下一节就数学小考，看谁的成绩最高，就可以赢得蛋糕。”学霸少安缓缓地说。

“那干脆来比身高好了。”身高一米八的篮球校队安希说。

“下午有体育课，谁跑得最快，谁就可以把蛋糕抱回家。”班上的“飞毛腿女王”欣怡自信满满地说。

“我们来看谁的体重最重好了，因为谁的体重最重，就代表他需要更多的热量，所以给他吃比较划算。”班上胖乎乎的开心果志强，眯着双眼、捧着圆圆的脸蛋，边笑边回应着。

“班上的干部们平日工作最辛苦，干脆拿蛋糕当作慰劳他们的礼物好了。”身为班长的祺纬，用自己的职位优势直接说出了竞争的方法。他一说完，全班同学就全部用手指着他，还发出啧啧的声响，仿佛大家心中异口同声地说着：“人缘超好的班长，这一招也太狠了。”

接着好多同学也都七嘴八舌，把自己具有优势的部分当成是竞争建议，此起彼落地说了出来。

而旭凯老师也没有闲着，他把各种不同竞争的本质，用粉笔写在黑板上，左上角写着“竞争的方式”几个大字，接着罗列了同学们建议的竞争的本质，其中包括：

竞争的方式

力量　智力　速度　身高　体重　地位

在同学们的发言告一段落之后，旭凯老师继续问大家：“除了黑板上写的，大家再想想看，在平常生活当中，为了竞争稀缺资源，人们常常会用哪些方式？”

“老师，我常常看到很多弱势团体寻求捐款，又或者是路边有身体残疾的人在乞讨，可不可以说他们的竞争方式是人们的同情心？”莉雯说完之后，旭凯老师直接把“同情心”三个字写在黑板上。“我刚才又突然想到，如果把弱势延伸一下，像是地铁上的爱心座位，也是一种稀缺资源，那么年纪和健康不佳的情况也是竞争的方式。”旭凯老师又把莉雯补充的“年纪”“健康”写在黑板上。

“我常听我舅舅说，做生意最重要的就是关系。如果你和别人的关系好，做生意就比较容易；如果关系不好，做生意就不容易。他常常说‘有关系就没关系，没关系就有关系’，是在生意上很重要的竞争优势。”君平娓娓道出，旭凯老师对他竖起了大拇指，然后在黑板上写下了“关系”。

“我最近常听我爸妈说俄罗斯和乌克兰在打仗，其实也是要争抢各种不同的资源。而这种打仗的方式，其实就是用武力来竞争。”珊珊一字一句，铿锵有力地说着。

旭凯老师除了把“武力”写在黑板上，还顺带写下了“暴力”两个字，并且在旁边的括号里填上“动物世界”四个字，然后说：“一般来说，在自然界中，动物的你争我夺，大都是靠着力量，又或者是暴力来进行竞争；但是在人类社会里，类似打架、霸凌，甚至是战争等行为，其实和动物世界里的竞争方式也是如出一辙。”

“还有用‘时间’来竞争的，例如你想要去排队名店买商品，要么你就要很早去排队，要么就要花很多的时间排队等待，才能够买得到。”玮玮说完之后，旭凯老师在黑板上写下了“时间”，还在旁边补上了“先后次序”四个字。

“老师，就像我爷爷总是喜欢去买大乐透，像这种随机发财，只能有几个人中奖的方式，‘运气’应该也是一种竞争方式吧？”志豪略带迟疑地问着，旭凯老师一边点头，一边坚定地把“运气”两个字写在黑板上。

“其实‘价格’也是一种竞争方式。”政辉举着手说着，“像我姑姑是在拍卖公司上班，每次拍卖会上，能够把稀缺的古董字画带回家的，就是出价最高的那个人。”旭凯老师赞赏地看着政辉，并把“价格”两个字写在黑板上。

竞争的方式

力量　智力　速度　身高　体重　地位　同情心
年纪　健康　关系　武力　暴力（动物世界）
时间　先后次序　运气　价格

然后旭凯老师接着说：“其实不仅是拍卖会让出价最高的人把商品带回家，就算是在平日里，大家会不会偶尔听到类似于‘这个东西我买得起，那个东西我买不起’的评语？”台下的同学们纷纷点头。

“‘买得起’或‘买不起’，本质上就是把‘价格’当作竞争工具，决定到底谁可以把稀缺资源带回去。”老师补充道。

竞争的公平性

旭凯老师接着又问："你们说说看，在这么多种竞争方式中，哪个或哪些是你们觉得比较不公平的？"

"当然是力量啊……"

"身高也是……"

"速度吧……"

"智力更是呢……"

大家吵吵闹闹、争先恐后地说着……

"像这种生下来就不平等的能力，如果当成是竞争工具，那不仅仅是不公平，甚至就是'歧视'了。"具有正义感的晓莉义正词严地说着。

"除了不公平之外，有没有哪些竞争的方式会带来负面效果？"旭凯老师继续追问。

"如果把'关系'当成是竞争工具的话，很可能就有人会走后门，或者是用贿赂的方式，来达到竞争的目的，这样就不是很好。"

"虽然靠'运气'是很公平的事情，但是如果每个人都只想靠买大乐透或其他彩票的方式来获取稀缺财富，那么大家都不去工作，没有任何生产力，对整个社会来说也不是一件好事。"

"我觉得'武力'和'暴力'是一种非常糟糕的竞争工具，因为这种争夺稀缺资源的方式，会带来非常多、非常大的破坏，不仅危害和谐的人际关系，更有可能是像战争带来的家破人亡。想想就让人不寒而栗！”

同学们纷纷表达各种竞争工具可能带来的负面效果，旭凯老师除了称许赞赏，又接着问大家：“那么你们觉得哪些竞争工具和方式，是比较公平又可以带来好影响的呢？”

“‘年纪’‘健康’和‘弱势’应该算是公平的竞争工具吧！”少安在老师一说完就跟着发言，“毕竟我们每个人都有可能会变老或生病，甚至成为弱势的一方，所以如果能够将稀缺资源多多运用在照顾这些族群，事实上也是照顾我们未来的自己，所以我认为这些应该算是公平的。”少安说完，旭凯老师给了他一个温暖又嘉许的眼神。

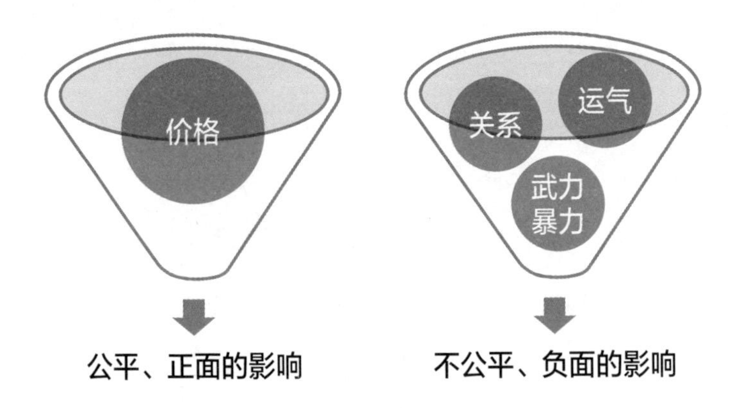

“商品或服务的‘价格’是一个公平的竞争工具。”品轩跟着分享，“因为不管你是什么身份地位，又或者有着各种不同的天赋能力，对于同一物品，每个人都可以用同一价格去获取和拥有。就像到便利商超，无论你是上班族、学生还是大老板，想买东西，都得依照标价购买货架上的商品。”

“没错，我也觉得价格是一种很公平的竞争工具。”莉雯跟着补充，“而且我还认为‘价格’是让我们可以努力的一种很正向、很有生产力的竞争工具。就像我爸妈很努力工作、拼命赚钱，就是希望为家人提供比较高质量的生活，而很多时候高质量的生活可能就意味着，很多的日常用品和日常消费，是比较高价格的。所以我个人觉得，价格不仅是让每一个人可以用公平的方式去取得资源，也是督促每一个人好好努力，去争取心目中价格比较高，同时也是比较稀缺的资源。”

旭凯老师一边听着大家认真的交流分享，一边把总结写在黑板上：

1.“稀缺”是造成自然环境及人类社会竞争的主要原因。

2.“竞争”有各种不同方式，并很容易产生不公平现象，以及负面或破坏性的影响。

3.“价格”是相对公平的一种竞争工具，并且在满足消费欲望和累积财富的过程中，会对个人或社会产生比较正面的影响。

伴随着下课铃声响起，旭凯老师留下了所有的小坚果，还有三条美味生乳卷，以及同学们开心的欢呼声。

思考时间

1. 除了文中提到的稀缺资源的取得方式，你还知道有哪些不同的竞争方式？

2. 除了“价格”之外，还有没有其他稀缺资源的竞争工具，会让人们努力工作、提高自身的能力和生产力？

03

■ 短缺：价格竞争受到限制

为了要“买得到”，需要付出什么代价？

学习重点

1. 资源稀缺不一定会产生短缺现象
2. 短缺现象是因为价格竞争被限制
3. 短缺现象会引起价格以外的竞争

旭凯老师把教室的灯稍微调暗了一点，然后用投影机放映四个大大的物品在投影幕上，它们分别是钻石、黄金、卫生纸和鸡蛋。

接着他对同学提问："老师上一堂课曾经和大家讨论过，竞争是因为资源稀缺造成的，那么大家看看这四件物品，哪些东西是你们直觉上认为最稀缺的？"

"钻石！"

"黄金！"

"当然是钻石和黄金啊！"

"钻石和黄金都是贵重矿物，一定是比较稀缺的。"

几乎所有同学的答案，都一致指向了钻石和黄金。

1. 稀缺不一定短缺

这时候旭凯老师接着问大家，除了钻石和黄金之外，在大家的生活或经验中，还有哪些物品是非常稀缺的？

"除了珠宝、金属，像我妈妈很喜欢的名贵包包，应该也是非常稀缺的吧？"

"我舅舅喜欢收集名表，他说贵重的手表是非常稀有的。"

"名车、游艇，甚至是私人飞机，应该是非常稀缺的吧？"

同学们此起彼落地回答老师的问题。

旭凯老师接着问大家：“虽然钻石和黄金是非常稀缺的物品，但是在大家的印象中，有没有买不到钻石和黄金，甚至感觉它们有缺货或短缺的情况发生？”

“没有吧？”

“好像没有耶？”

“没有，应该都买得到吧！”

大家异口同声地回答。

“买是买得到，只不过买不起罢了！”搞笑的阿福一说完，全班笑得前仰后合。旭凯老师也投来赞许的一瞥。

“既然是这么稀缺的物品，为什么没有短缺的情况呢？”旭凯老师问。

“可能是因为它们太贵了吧！”家齐第一时间回答。

“是啊，就像老师之前说的，可能因为它们稀少，加上‘物以稀为贵’，所以即使物品价格很高、很稀缺，很多人还是‘买不起’，因此就算东西不是很充足，也不会造成短缺的现象。”莉雯补充道。

“老师，可不可以说，价格成为竞争的工具，让稀缺物品有着很高的价格，所以有钱的人买得起，没钱的人买不起。也就让实际上稀缺的东西，没有了短缺的情况，或者是缺货的困扰？”祺纬以认真的眼神，坚定地寻求旭凯老师给他肯定的答复。

“大家的回答都很好。”旭凯老师说，“没错，黄金、钻石、名车、名牌包和手表等这些日常生活中的商品，虽然感觉起来非常稀缺、数量不是很多，但是因为它们的价格相对较高，就自然而然形成了一个竞争的门槛，并不是所有人都能够轻易地买得起，所以也让这些物品‘虽然少，但不缺’。这也让大家知道，资源的稀缺不一定会产生短缺，尤其是当‘价格’成为主要竞争工具的时候。让‘买得起’的人，少于稀缺物品的数量，那么这个稀缺物品就不会缺货或者短缺了。”

旭凯老师说完之后，同学们都纷纷点头。

2. 短缺是价格受限

“那回过头来，老师要问大家，在你们的日常生活中，有没有碰到并不是非常稀缺的商品，就像前面说的鸡蛋和卫生纸，但是却发生了短缺或缺货的现象呢？”旭凯老师环顾了一下教室，确定每个人都听到他的问题。

“有啊！前一段时间我还跟我妈妈抱怨说家里没有鸡蛋，结果我妈才告诉我，原来鸡蛋严重供不应求。”君平说着。

“卫生纸或者是日常用品，有的时候也会因为大家抢购，结果缺货缺得要命。”

“不只是日用品，我记得我爸爸之前要买一个运动手环，价钱也不是很高，结果一推出之后，大家都疯狂抢购，就变得短缺得吓人。”少安跟着说。

听完少安补充之后，旭凯老师一边点头称许，一边说：“就像少安刚才说的，他的爸爸想要买运动手环，因为价钱不是很高，所以就被大家抢购一空。

“那老师问大家，现在假设你想要去抢购卫生纸，但是到了便利超商或是大卖场的时候，突然发现一包卫生纸大涨价了，从原来的一包2元涨到一包几百元，甚至是几千元，这个时候你还会买20包吗？”

旭凯老师一副咄咄逼人的模样，等着大家的答案。

“肯定不会买，如果贵成这个样子，谁还敢买？”

“当然不买啊！”

“对啊，要抗议商家哄抬价格！”

“还好我家是智能马桶，以后上完厕所就不用卫生纸擦屁股了，直接用水冲反而比较便宜。”俊彦说完之后，还眯着双眼假装屁股被冲洗的感觉，逗得全班哈哈大笑。

“商家应该不会让价格上涨吧？毕竟大家每天都要用很多卫生纸。”

看到大家热烈的反应和回答之后，旭凯老师接着说：“看起来大家也都曾跟着爸妈去大卖场或便利商店买过东西，或者因为看新闻，知道这种民生用品的价格不可能涨得太多。如果价格太高的话，会让大家觉得生活突然变得非常不方便，就像打喷嚏或上厕所没有卫生纸是很难想象的事情。更重要的是，民生用品的价格涨得太多，会让老百姓觉得自己赚的钱不够用，生活质量下降，甚至会有‘变穷’的感觉。这样一来，人民不仅对政府会有抱怨，甚至会要求提高工资，这进一步造成所有企业成本上升，让企业提供的商品和服务成本变得更高。如果企业想要赚钱，就有可能再提高售价，那么就会形成更进一步的物价上涨，如此就变成可怕的通货膨胀了。”旭凯老师一字一句，慢慢地把整个逻辑推演叙述了一下。

“所以大家说的没错，政府很有可能会限制卫生纸的价格，让这些厂商价格不会一下子涨很多。可是，如果大家都很想买，而价格又没有涨得很多，那么会出现什么情况呢？”旭凯老师接着问大家。

“卫生纸被抢购一空啊！”

“卫生纸缺货。”

“卫生纸大量短缺。”

“没错，卫生纸就会缺货。所以，当资源稀缺的时候，如果价格跟着上涨，每个人就会考虑自己的消费能力。如果有人买不起，自然而然就不会采购这种商品，而会寻求其他的办法，就像刚才俊彦说的，他上厕所会改用水洗，而不用卫生纸擦。但是如果资源稀缺，却还是限制价格，不让它上涨，那么人们就会抢购，反而造成了商品缺货或短缺的情况。”旭凯老师简洁有力地做了一个小结。

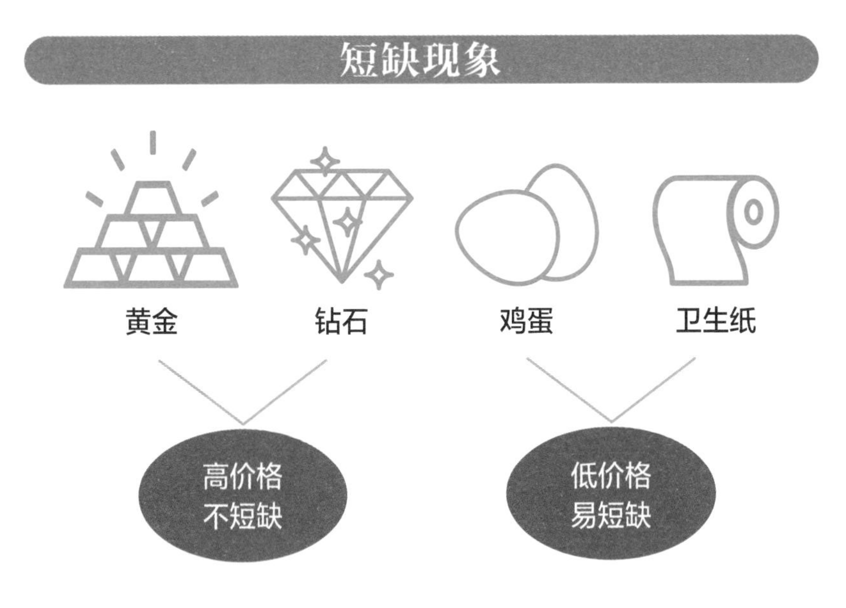

3. 短缺有额外负担

“但是我们常常说‘生命总会找到出路’，如果‘价格’这个本来可以获得稀缺资源的武器不见了，那么消费者又会用什么样的方式去解决他的需求呢？”旭凯老师又问。

“我就不用卫生纸了啊！就像我刚才说的，我上厕所就用水洗，反正水也很便宜，这跟老师说寻找‘替代方案’应该是一样的意思。”俊彦抢着第一个说。

“我看看是不是有国外的代购，如果价格比较便宜的话，国外代购也是个好方法。”

“我会上网去搜寻看看其他国家有没有便宜的卫生纸，如果有，直接网购就好了。”

“厂商还是会生产的，我就在大卖场和超商进货的时候，早早去排队，抢第一个去买，大不了花一点等待的时间，也是值得的。”

“我不喜欢排队，或许可以花一点钱请别人帮我排队去买卫生纸，如果帮忙排队的钱不是很多的话，也是值得的。”

等大家的发言告一段落，旭凯老师很欣慰地说：“同学们都说得非常好，如果‘价格’被限制住，不能当作稀缺资源的竞争工具，可是人们又很想要取得这个资源，那么就会用其他竞争方法，产生额外的成本和负担，来达到他争取这个资源的目的。

“就像有的同学会去排队，那么排队的时间也是有价值的，也就是你额外的负担和成本；有的同学花钱请别人排队，那么你请别人排队的花费，也是额外的负担和成本。

“至于在网络上搜寻其他地区的产品，这些搜寻的时间也是额外的负担和成本。另外，寻找代购的时间和请代购额外花的钱，也都是额外的负担和成本。所以，当商品和服务产生短缺的时候，就代表‘价格’这个竞争工具使不上力了，那么人们就会通过其他的竞争工具，也就是花费额外的负担和成本，争取他们想要但是短缺的资源。”旭凯老师一边说，一边把投影片转换到最后一页，出现了这节课最重要的三个总结：

1. 在资源稀缺的情况下，价格竞争不一定会造成商品短缺，但会让“买得起”的人有能力拥有。

2. 短缺现象，是因为价格竞争被限制，以至于所有人都买得起，进而导致很多人都“买不到”。

3. 短缺现象，会引起价格以外的竞争，为了“买得到”，就需要付出价格以外的代价。

思考时间

1. 试着用自己日常生活的案例想想，除了文章中的物品，还有哪些稀缺的东西，因为价格很高，所以不会有短缺的困扰？

2. 以自己的生活经验举例，曾经碰到哪些缺货或短缺的商品？而自己是否又曾经花费额外的成本和负担去取得？

04

■ 权利：有利要素积累财富

权利让能力更有价值

学习重点

1. 能力和权利是赚钱的两大有力要素

2. 能力是自己的，权利是别人给的

3. 能力以外珍惜权利给予的价值

旭凯老师在上课铃响的时候，一派轻松地走到讲台前面，然后在黑板上写下了大大的两个字“能力”，还在旁边画了一个金钱符号，接着问大家：“同学们，如果有一天要你们开始赚钱，不管是上班也好，又或者是自己创业，你们想要通过什么样的能力去赚钱？”

旭凯老师问完之后，同学们略经思索，才不到几秒钟时间，就陆陆续续给出了答案，而旭凯老师也将它们一一写在黑板的左方。

能力与权利

“我很会教书，也喜欢小孩子，所以我想像旭凯老师一样，用我教别人的能力，当一位老师。”

“我数学能力很棒，所以未来我可能想当一位数学教授，或者用它来研究怎么投资赚钱。”

“我喜欢设计程序，我妈说送我去学习这方面能力，说不定将来可以成为很厉害的编码工程师来赚钱。”

“我喜欢画画，我想用这个能力来卖我的画，或者是经营现在大家觉得很厉害的元宇宙、NFT。虽然我现在还不是很理解元宇宙、NFT，但是我想开始学习，提高我这部分能力，说不定也可以把它当作一种赚钱方式。”

“我在周末的时候，都会帮我爸妈去市场卖菜，我觉得我卖东西能力还蛮强的，所以我想当一个业务员来赚钱。”

没想到一时之间话匣子打开了，每一个人都脱口而出自己厉害的能力，以及想要通过这个能力赚钱的方式。

其中外形靓丽的明丽，还有俏皮的志铭几乎是画龙点睛地把讨论推到了最高潮。

“像我天生就这么漂亮的能力，不是每个人都有的，一定要好好感谢我爸爸、我妈妈，如果浪费这个能力实在太可惜了，所以不管是当一个博主，又或者是类似抖音的网红，我觉得这样赚钱都还不错，也算好好运用我这个独特的能力。”明丽说完之后还故意拨弄一下头发，搞得全班哈哈大笑。

“我觉得我最大的能力就是偷懒，我妈每次看到我打电动或者是看漫画，都觉得我实在是太废了，但我觉得天生我材必有用，所以未来不管是靠电动玩具赚钱，又或者去送外卖，我觉得可能都是赚钱的好方式。”志铭一本正经地说完他的理论之后，全班几乎都笑得前仰后合了。

而旭凯老师也一边开怀地笑着，一边在黑板上写下同学们所有不同的能力。

写完之后，旭凯老师又在“能力”两个字的旁边写上了另外两个大字“权利”，然后转过身来继续问：“看起来每个人对自己的能力都有一定的信心，也都希望自己用最有优势的能力去赚钱，但是老师想要请问大家，是不是我们的能力非常棒，就一定能够通过这个能力去赚钱呢？就像我们想要偷懒，不想要学这么多专业，只要可以去送外卖，一样可以靠着自己的努力自食其力。但是，就算要送外卖，是否需要具备什么特殊的权利，才能够进行这份工作？”说完还特别指着黑板上的“权利”两字，要大家好好思考。

“当然有喔！”志铭听完之后，立刻就回答老师，“除非我们用跑步或者骑脚踏车去送外卖，如果要骑摩托车的话，至少要超过18岁，取得摩托车驾照才能够去送外卖。”

“还有没有同学，要分享在有能力赚钱的时候，你还必须拥有什么样的权利？”旭凯老师继续问。

“我如果想要把我画的画放到网上，不管是放在什么地方，我一定要有电话号码和电子信箱，才可以申请账号。如果我想要在网上交易的话，那么就一定要申请信用卡，这样的话，可能不同的银行要给我这样的权利，就有不同的条件。要不然我只好去拜托我的爸爸、妈妈用他们的信用卡和账号来帮我申请，这样一来我就要靠我爸妈给我权利了。哇！那他们可能又要把我的功课逼得更紧，我的日子就难过了。”阿福一说完，全班又笑翻了。

“如果想要教书，不仅要通过很多考试，也必须要有学校聘请我，所以这个可以说是学校要给我这个权利。”

“如果设计程序的话，我可以去考一些证书，这个是发证书的单位给我的权利；如果要在公司工作的话，那当然是公司要让我面试通过，给我工作的权利，我才能够在公司担任设计程序的工程师。”

“当销售人员的话，就要看卖什么东西了，像我爸爸妈妈在菜市场里面卖菜，当然要在菜市场里面租一个摊位，听我爸妈说，就算是卖菜也要被审核，所以是菜市场管理的人给我们卖菜的权利。”

“这样说起来当博主和网红好像也需要很多权利的？”明丽突然变得腼腆地对着大家说，“像我的表姐告诉我，在选择背景音乐的时候，要小心是不是有版权，如果没有版权的话，你就没有权利播放。另外很重要的，就是网红不可以说一些伤风败俗或者是违法的事情，也不可以有不雅的装扮或者是形象，要不然平台可能就会取消你上传照片或视频的权利。”

“所以！”旭凯老师接着说，“听了大家的分享之后，有能力赚钱当然非常重要，但是除了能力之外，拥有赚钱的权利也是非常重要的，对吗？”

同学们无一例外，都用力地点着头。

权利的赋予

“能力，是属于我们自己的，一定要认真培养，如果运气好一点的话，会有天赋，那是爸爸妈妈或者是上天给我们的。但是当提到权利的时候，常常听到很多人说具有什么样的权利很重要，又或者说我们应该具备什么样的权利。先不要管具不具备权利，又或者拥不拥有，听完这么多同学的分享之后，老师想请问大家，你们觉得‘权利’是天生就应该拥有的，还是别人给我们的呢？”旭凯老师问。

“别人给的。”

“看起来是别人给的。”

“我原本以为很多权利都是我们天生应该有的，但是，听大家讲完之后，感觉好像几乎都是别人给我们的。”

“对耶！能力是自己的，权利是别人给的。”

能力与权利

能力：漂亮　教学　数学　程序设计　画画
元宇宙/NFT　销售

权利：教师证　程序设计师证书　申请信用卡
考驾照　音乐版权购买

能力与权利的不同

旭凯老师问完之后，让同学们很自在地思考并且反馈，引导他们想想能力和权利之间的关系，又进一步让他们理解很多看起来好像拥有的权利并不是这么顺理成章可以得到的。

“那大家要不要再举例看看，有没有你认为平常拥有的一些权利，几乎感受不到它的存在，但是却是别人花了很多努力和心力提供给我们的？”旭凯老师接着说。

“就像买东西一样，只要有钱就可以拥有任何我们想要的商品和服务，但是我曾经听奶奶、爷爷说，在他们小的时候，很多东西都不可以随便买，必须要拿一些票去换东西，所以在很久以前连自由买东西的权利都没有。老师，不知道我这样说对吗？”少安第一个认真地分享。

“没错，在六十到七十年前，也就是二十世纪五六十年代那个时候，资源非常匮乏，所以很多物资，并不是随意购买就可以取得的，包括粮食在内的各种物资，都要用‘票’来分配。所以大家不要小看现在满街的便利商店和大卖场，以及很多线上的采购平台，甚至是外送的服务，这些都是整个大环境和社会给我们的权利。”旭凯老师同意并且语重心长地说出了自己的感受。

“买车子也是一样啊，现在很多地方要取得车子的牌照，有的时候需要排队，有的时候甚至还要摇号，所以不要小看，连买车子这样的权利都是别人给我们的。”

“学习受教育好像也是一样的道理。之前我爸妈办了一个暑假的下乡教育英语营，让一群中学生去教乡下孩子们英语，我才发现那边的老师非常缺乏，所以这些老师很伟大，因为他们愿意到乡下去，赋予这些孩子们学习成长的权利。像很多地方，可能连吃饭都很困难，更不要说接受教育了，所以在这种情况之下，他们发展的机会和能力就会受到影响，赚钱致富也会变得困难重重。”

旭凯老师听完之后，非常赞成地点着头。

“这段时间疫情影响了好多人的生活，后来才发现就算是简简单单出门，都是别人给我们的权利，要不然在疫情刚暴发的时候，一旦封城，不仅上学、上班受到了影响，很多商家，或者是实体店面做生意的人，也都没有生意可做。所以解封之后，事实上就是给我们可以随处移动的权利，不仅让我们更加方便，也让我们的经济活动恢复正常，大家才能够赚钱生活。”父母开店做生意的俊杰，非常坦诚地和大家分享交流。

旭凯老师听完大家的分享之后，带着鼓励的眼神和欣慰的笑容，缓缓地做了总结——通过今天的学习，我们不仅要懂得怎么谋生，怎么赚钱，更重要的是要理解三个重点：

1. 能力和权利是不同的，但是在我们未来赚钱谋生和促进经济活动的过程中，都扮演着重要的角色。

2. 能力是自己拥有或培养的，但是权利在很多情况下，都是别人或外界给予的。

3. 能力不管再强，如果没有得到足够的权利让能力可以发挥，那么能力的价值就不够凸显，这也是我们要好好珍惜权利的主要原因。

思考时间

1. 以自己为例，想想有哪些能力，是未来能够当成职涯发展，或赚钱谋生的优势？

2. 如果用前述的能力去累积财富，哪些权利是必须要同时具备的？

05

■ 保护：关注有形而非无形

保护财产，可以让我们一直富有吗？

学习重点

1. 保护财产行为让人有别于动物
2. 保护财产让人们愿意努力付出
3. 保护财产只限于财产物理特性

今天是一个难得的艳阳天，旭凯老师把早上买来的咖啡放在讲桌上之后，打开计算机、投影机及投影幕，请同学们欣赏两段他选择的短影片。

第一段是跟动物相关的，其中有一个片段看起来是在非洲大草原上，一只猎豹捕获到一只羚羊，在大快朵颐一番之后，刚到树下乘凉休息，就有一群鬣狗过来偷食这个猎豹辛苦猎食的成果。接着影片换了个场景，有一只猴子从树上摘了一串香蕉放到地上，刚离开一会儿，另外一只不知从什么地方突然跑出来的猴子，大咧咧地把香蕉给抱走了。第二只猴子偷偷摸摸的有趣模样，让全班同学哈哈大笑。

第二段影片突然转换到人类社会的咖啡厅里，其中有一个人开着计算机，桌上摆了一杯咖啡还有一份蛋糕，之后离开不知去了哪里，接着就看到画面时间持续不断流逝，经过快三个小时，那个人才回来，但是桌上的计算机、咖啡和蛋糕还是原来的样子。

然后镜头又转向另外一个女孩，她故意在不同地点把自己的后背包拉链打开，有的时候还不小心把夹在腋下的皮包掉在路上，结果大多数人，而且都是经过的陌生路人，会选择告诉这个女孩她的包包拉链开了，或者赶快捡起她掉下的皮包，然后拿给她，并叫她保管好。

保护财产的行为

放映完这两段影片之后，旭凯老师看着交头接耳的同学们问："老师先不做任何解释，你们看完这两段影片之后，有什么样的感受或是想法可以分享吗？"

"动物世界没有什么公德心，但是人类社会的话，就不会随便强占他人的东西。"

"动物世界的规则是弱肉强食，但是人类社会不仅有法律规范，还有道德约束。"

"动物能吃就吃，还管是谁的，吃了这一餐都不知道下一餐在哪里呢！但我就不一样了，我妈妈每天都煮饭给我吃，所以就算是饿了，我也不会去抢别人的香蕉。"爱胡说八道的俊彦，一说完之后又让全班哄堂大笑。

"虽然说动物世界的规则是弱肉强食，但是像第一段影片中的那只羚羊，还有放在地上的香蕉，其实在不知道是谁拥有的情况之下，其他动物会分食或者拿走，这也是动物的本性吧！"

"对啊，如果我饿得跟鬼一样，而且看到一块面包或是一盒牛奶放在我家门口，我可能也会把它拿来吃或者把它拿来喝。"俊彦忍不住又补了一枪，真是语不惊人死不休，全班又指着他笑得前仰后合。

"不过面包、牛奶这种小东西，因为价值不是很高，放在路上有可能被别人捡走，但是如果是比较贵重的物品，比如第二段影片里面的皮包，又或者是公文包、手机甚至是自行车，我想在有公德心的社会，大家可能都会物归原主，或者是送到警察局失物招领吧？”玮玮轻柔地陈述自己的看法。

“对耶，我爸爸上周和朋友们骑自行车去山上运动，结果下山之后发现在山上服务区照相的时候，不小心把手机留在风景区，后来他就匆匆忙忙赶快回家开车赶回那里，没想到手机竟然已经被送到柜台招领了。我爸爸拿到手机后，按了解锁的密码，轻松拿回了手机，这样的过程让他感动万分，还一直说这真是个温暖的社会。”伦伦顺着玮玮的分享，说了一段她爸爸的亲身经历。

“大家都说得非常好，而且有各种不同的观点，非常具有启发性。”旭凯老师维持着让同学们可以独立思考的学习态度。

“老师请问大家，像第一段影片里面，不管是猎豹捕获了羚羊，又或者是第一只猴子摘下了香蕉，结果遇到鬣狗来分食，还有其他的猴子把它拿走了，那么下次当它们再有同样的猎物或者是香蕉的时候，你觉得它们还会很轻易地把猎物或香蕉放在空地上不管吗？它们会有什么样的处理方式？”旭凯老师问。

“就算是撑死也要把它给吃光啊！”

“一定要拼命把它吃光。”

“看到鬣狗偷吃就讨厌，那只小偷猴子也不讨喜，如果是我，就把食物藏起来。”

“对啊，我就看过猎豹把它捕到的猎物拖到树上，不让其他的猎食者分食。”

“我还是觉得能够尽量吃完最好，不管放在哪里，都可能被别的动物抢或被别的动物偷。”

在大家分享交流了各自的看法后，旭凯老师接着说：“那如果是第二段影片中的主人，他买了一杯咖啡还有一块蛋糕，为什么就可以这么放心地离开了三个多小时，也不怕像第一段影片中的鬣狗或者猴子，把他的咖啡或是蛋糕吃完了呢？”

“拜托，那是别人的东西哎，怎么可以乱拿？”

“哈哈哈，我又不是鬣狗，当然不能随便抢别人的东西。”

“我也不是猴子，不能乱吃别人的香蕉。”

“对啊，别人的东西怎么可以乱拿，而且就算要拿的话，我也不会拿咖啡跟蛋糕，他的那个笔记本电脑贵重多了，要拿也是拿计算机啊！不过拿了之后，所有的监视器就让我原形毕露，下次同学们看我，就不是在教室，而是在警察局了。”没想到孝恩今天也跟着俊彦一起胡说八道凑热闹。

旭凯老师一边看着打闹的同学，一边笑着继续追问：“所以，如果有一天你们看到老师捕获一只山猪，你们会建议老师赶快把它吃光光，还是可以把它保存下来，不用怕你们把我的山猪抢走或者是偷走？”

“哈哈哈，老师你自己吃不完，要大方一点分给我们吃。”

“我们又不是鬣狗或是那只偷香蕉的猴子，老师你当然可以冷冻下来，慢慢吃，吃一年啊！”

“当然是保存下来啊，我们又不是动物，没有人会随便占有别人的东西。”

“老师，不用担心，我们都会‘保护’你的食物，就算没有保护你的食物，也会有摄影机或是警察保护你。”俊彦又跑出来做了个结论。

“哈哈哈！”欢笑声此起彼落。

公德心&公权力

“还记得之前提过‘能力’是自己的，而‘权利’是别人给的吗？”旭凯老师问，所有的同学都一致地点着头。

“那么保护我们东西、保护我们财产，让我们可以很安心拥有属于自己财产的‘权利’，是天生就有的，还是别人给我们的？”旭凯老师接着问。

“是别人给的。”大家几乎一字不差地同时回答着。

“没错，就像同学们刚才说的‘公德心’，是所有人都觉得不能随便拿别人的东西，这是大家的‘认为’，是大家的‘道德感’。另外，大家可能常常听到的‘公权力’，也就是我们说的法律，如果你随便占有别人的东西，法律也不会允许。有了公德心和公权力的保护，我们在努力工作、努力付出、努力累积自己财富和财产的时候，就不用怕别人会随便抢走我们的成果了。”旭凯老师一字一句缓缓地道来，同时把“公德心”和“公权力”写在黑板上。

“你看看‘公’德心和‘公’权力这么伟大，我就说除了‘母’的之外，‘公’的也是很有价值的吧！”俊彦无厘头地冒出一句，又让大家笑得眼泪直流。

旭凯老师一边笑着，一边假装瞪了一眼俊彦，然后继续问大家：“老师最后再问大家一个问题，虽然我们的财产受到保护可以使我们有努力工作、累积财富的动力，但是，对财产的保护一定会让我们因为一直拥有财产而变得富有吗？”

“不一定吧！就像我妈妈投资理财最喜欢买黄金，但是前一段时间，我老妈心情不是很好，因为她说黄金价格跌了好多，所以尽管她拥有黄金的权利被保护下来，但是实际上并不能保证财富会一直增加。”琪琪在第一时间回答了这个问题，看来她对妈妈投资这件事情还记忆犹新。

“我也这么觉得，我妈喜欢买房子投资房地产，虽然买了好几间房子，但房价不见得一定会涨。”

“我老爹更惨，他非常喜欢骑自行车，买了很多超级贵的自行车，但是每次车子推陈出新之后，他就又想买新的，然后把旧的当成二手车卖出去。虽然很多二手车保持得跟新的一样，但是价钱就会差很多，所以他老是被我老妈骂，说我们家要是能够少买几辆自行车，就可以变得更有钱了。”

“前两天听我爸爸说，他之前有一个非常好的朋友在疫情之前投资开了一家饭店，大概花了几千万元，所有装潢、硬设备都非常豪华漂亮，但是因为疫情太严重了，结果受不了亏损，最近刚以1千万元卖给别人。”

“对啊，我家隔壁是一间店面，前几天听我妈妈说，房东买

这个店面租给别人是为了累积财富赚租金，本来一个月可以收到4万元，现在因为经济不景气，最近刚把店面又租出去，只收了每个月1.6万元的租金。”

看着大家热烈分享，旭凯老师非常满意地频频点头。

“所以，就算我们拥有的财产受到良好保护，但这种保护也只是确定它的外观、它的形体，或是它的物理特性不会受到破坏，也不会被他人强占。但是我们所拥有的财产，会不会持续带来更好的经济价值，或为我们累积财富，则是不能保证的，也是没有办法受到保护的。”旭凯老师很认真地对大家的讨论做了个总结。

然后在下课铃声响起之前，旭凯老师在黑板上写下了今天这节课的三个重要结论：

1. 人类社会会尊重并保护他人的财产，但是动物社会相较之下没有保护他人财产的行为或概念。

2. 人类社会在公德心或公权力的驱动之下，会尊重、保护他人的财产，这让每个人都有意愿努力付出，并拥有自己的财产。

3. 对于财产保护，不管是个人或是社会，只能保护它的物理特性，但是不能确保它的经济价值。换句话说，虽然我们拥有的东西受权利的保护，但是我们拥有这个财产的价值，则要用知识学习，来确保能够继续增值。

思考时间

1. 想想看，自己拥有什么东西，而这些东西是受到保护、别人不可以随便拿走的？如果别人随便拿走，会有什么样的后果？

2. 自己或家人拥有什么东西，是确保会一直增加价值，让自己或家人能够持续不断累积财富的？

06

■ 自由：不是免费而有代价

如何获得自由的权利？

学习重点

1. 权利不能够被无限放大
2. 自由权利需要资源交换
3. 赚钱致富有其相对代价

上课铃声还没有响，旭凯老师就慢条斯理地从走廊走进教室，然后在铃声响起、学生们纷纷入座的时候，在黑板上写下了四个大大的字母“FREE”。接着满面笑容地问同学们：“有没有人知道，这个英文单词是什么意思？”

自由的权利

同学们面面相觑，一副“这么简单的单词还需要问？”的表情，然后此起彼落地说出答案。

“自由。”

“自由啊！”

“是自由。”

“免费。”

“不用钱，免费的意思。”

“是自由，也可以是免费的意思。”

“没错，FREE是自由，也是免费的意思。”旭凯老师一边说着，一边在FREE这个单词的左右两边分别写下“自由”和“免费”两个词。

“每个人都向往自由的生活，更觉得自由是每个人都应该拥有的权利。但是，通过我们之前的讨论，既然自由是一种权利，那么它不是天生就有的，而是别人给我们的。既然是别人给我们的，它到底是免费的，还是收费的？”旭凯老师一口气就把“FREE”的两个意思——自由、免费——一下子连在一起，然后提出了让同学们思考的问题。

“大家先不要急着回答，老师让大家想想另外一个非常有趣的问题。”旭凯老师边说边把计算机投影在大屏幕上。进入眼帘的是一辆非常漂亮的越野车，在帅气酷炫的越野车后面，是一条笔直的通向天际的公路，而公路两旁无穷的绿荫，让人忍不住想立刻驱车驰骋驶向远方。

“如果大家开着这辆漂亮的越野车，请问我们不能做什么？是的，大家没有听错，老师问大家的是，我们开着这辆车不能做什么事情？也就是不可以做什么？或是说不被允许做什么？”旭凯老师故意放慢速度，让大家听清楚他的问题。

“开着漂亮的车，不能做什么？不能随便闯红灯吧？老师，这样回答对吗？”少安第一个回答。

旭凯老师听完之后满意地点点头，大家开始陆续回答。

“不能开车撞人。”

“也不能开车撞狗，更不能开车撞电线杆。”阿福说完，全班笑得合不拢嘴，大声叫着：“谁会没事开车去撞电线杆。”

“不能把车子停在红线上。”

“不能将车子开进公园的草坪。”

“不能开车碰撞其他的车子，尤其是超级高档的车子，那会赔很多钱。我堂哥上次就不小心开车擦撞到高档房车‘玛莎拉蒂’，后来看到赔偿的账单，真的是被吓到哭。”听完俊彦的分享，全班又是一阵哄堂大笑。

“不能开车超速。”

“不能未满18岁就开这辆车。”

“对，不能无证驾驶。”

“啊，对！”阿福又突然大叫了一声，“如果这辆车根本不是你的，你就不能开着它跑来跑去，因为这样子你会被送去警察局。”说完之后，全班同学都将笑声和掌声送给这位脱口秀的明日之星。

旭凯老师听完大家无厘头、有趣又有料的分享，接着补充：“大家说得非常好，当我们有了一辆非常漂亮的越野车时，我们就有权利开它。但是这样的权利不能被无限放大，而且开着这辆车时我们还有很多‘不能’做的事情。”

同学们一边听着，一边频频点头，然后旭凯老师话锋一转，继续说道：“就算我们可以开这辆拉风的越野车，享受着自由自在、四处驰骋的权利，但是这些‘自由’的权利也不是免费的，而是用非常多的资源交换来的。比如，不管是用电力或是汽油发动的车子，你都必须花钱去买电、买汽油，尤其是汽油的价格越来越高，就代表你驾车自由行的成本也会越来越高。”

老师停了一下继续说：“再举个例子，你要开着车出去游玩，不管是从北到南或是从南到北，甚至是大江南北环岛自驾游，你总要有属于自己的‘时间’。不管是创业家放下自己的工作，又或者是上班族向公司请假，这些‘时间’也是非常重要的资源。如果你根本没有属于自己可以运用的时间，你就没有办法、没有自由好好享受这辆属于你的越野车。

“另外，就像有的同学刚才说的，就算超过18岁，也必须要拿到驾照才可以开车。所以，不管是练习考驾照花费的时间，又或者是为了考驾照到补习班所花的学费，都是你为了能够自由开车而必须拿来交换的资源。

“那么，大家思考看看，还有什么样的‘自由’，是要用金钱或者其他资源去交换，才能够得到的呢？”

旭凯老师刚说完，同学们似乎就猜到老师的问题，迫不及待地举手要分享。

获得自由的方式

“我每个月都订阅了各大视听平台会员服务，其实就是花钱买自由听音乐的权利，让我看影片可以不受广告打扰。因为免费的视听内容虽然不用花钱，但是一直出现广告，不仅非常干扰，也在浪费我的时间，即使广告时间不是很长，但是累积起来也是很浪费时间的。时间就是金钱。所以，对于订阅会员服务这件事情，我爸妈是很支持的。其实认真想一想，没有广告所多出来的时间，也是我用钱买来的‘自由’，这样非常划算。”伦伦不疾不徐地娓娓道来。

“这两年我爸爸都会带我去参加马拉松比赛，有时是在高速公路上面跑马拉松，那种感觉非常棒。我爸爸说平常的高速公路都是车子在跑的，有这么难得的机会，花一点报名费的钱就能够获得在高速公路跑步的自由，是非常值得的。”

“我妈妈常说，能够享受安静，也是心灵上一种难得的自由。尤其是我妈妈非常喜欢写作，所以她会花钱到非常棒的咖啡厅，有时候一整个早上，或一整个下午，就在咖啡厅那里，用金钱买来的安静换取自由，可以好好享受写作的时光。”

“我爸爸会常常出差，不管是搭高铁或者是坐飞机，他都说多花一点钱，能够买到时间，其实是最值得的资源交换。因为多出来的时间，就是让人生多一份自由。快速的高铁或飞机，让我爸爸省了很多交通时间，多出来的时间，他可以选择休息或是看书，又或者是到处去逛逛，有更多自由选择时间的权利。”

旭凯老师听着同学们认真的分享，心潮激荡，认为不要小觑孩子们的智慧，因为现在的孩子接触到的知识面和信息面实在太广了。更重要的是，他们说出来的话，其实都是父母亲行为的投射。这也让旭凯老师警觉，自己的一言一行也正在不知不觉地影响学生，因而深刻认识到了自己的责任重大。

“听完同学们的分享之后，我想大家也都回答了老师的第一个问题，也就是FREE这个单词，它虽然代表的是‘自由’，但是这个自由绝对不是‘免费’的。任何的自由都来之不易，需要用各种不同的资源交换才能获得。

“所以在未来，当我们听到任何有关‘自由’这个权利的时

自由权利的资源交换

火车

价格低
时间长

飞机

价格高
时间短

高单价换时间自由。

候，我们应该认真思考：取得这个自由权利的背后，付出了哪些资源？就像买了高铁票，缩短了交通时间，但是也用更高的价钱，买到了时间的自由。

“另外，我们也要小心，千万不要无限扩大这种自由的权利。例如我们有开车的自由，但是不能开车去撞别人的车，否则，我们就侵害了别人的财产。就算是不小心撞到的，我们也必须要赔偿，这个就是必须付出的代价。”

旭凯老师说完之后，环视了一下教室，确认同学们都听懂了他所说的，然后继续说：“你们将来不管是自己创业也好，或者是找一份工作上班也罢，赚钱谋生，既是一种‘自由’，也是一种‘权利’，更是让我们累积财富的重要方法。那么，老师请问大家，在创业或者是上班赚钱的过程中，有什么行为是不能做的？又或者是做了之后，要用非常大的代价或者资源来交换的呢？”

“违法的事情不能做吧？”

“对啊，违法的话，就会被抓。”

“违法被抓，连生意都做不成了。”

“还有不能骗人。”

“不可以欺骗客户。”

“如果客户发现你骗他的话，以后就不会买你的东西了。”

“老板发现你骗他，就会解雇你吧？”

“其实违法也是骗人。”

“所以说，违法的事情和骗人的事情都不可以做。”

“好像是哎！虽然说赚钱是一种自由，但是如果违法或是骗人，那就会损害别人的权利，也就会侵犯别人的自由。”

同学们在讨论的过程中，似乎也都理解了老师这个问题的内涵。

这个时候下课铃声响起，旭凯老师也在投影幕上呈现了今天这节课三个最重要的总结：

1. 权利，避免无限放大。
2. 自由，不是免费取得。
3. 赚钱，必须合法诚信。

思考时间

1. 想想自己身为学生有哪些权利？学生又有哪些不可以做的事情？

2. 有没有想过自己要拥有哪些自由？通过这节课，你觉得这些自由是免费的，还是需要通过什么资源来交换？

中篇

理解
致富方法工具

07

■ 产权：能够转让才是拥有

怎样才算真正拥有财产？

学习重点

1. 财产拥有的权利一共有三种
2. 财产必须有转让权才算拥有
3. 财富不要被炫富外表所迷惑

旭凯老师推着一辆帅气的公路自行车走进教室，然后将它靠在讲台旁。他看到同学们好奇的眼神，接着说："老师今天要分享有关这辆自行车的故事。"

"哇！老师要讲故事咧！"

"好耶！"

"我最喜欢听故事了。"

同学们都开心地期待旭凯老师接下来的故事。

"事实上，这辆公路自行车不是老师的，而是我非常好的朋友暂时放在我这里的宝贝。我和我朋友从十多年前就一起骑着自行车四处游玩，这不仅是一种运动的爱好，也是结交好朋友的一种方式。

"而这辆自行车是我朋友自己组装的一辆专业公路自行车。他花了很多时间去研究车架、轮组、传动变速系统，甚至连涂装、花样、颜色也都是他自己设计的。所以不要小看这一辆自行车，它的价值可能都可以买一辆小型的四轮房车了。"

同学们听了老师的故事，莫不惊讶地张大嘴巴。

旭凯老师继续说："后来，在两年多前，他因为公司工作关系，被派到欧洲，所以就把这辆自行车暂时寄放在我这边，还告诉我可以任意使用这辆车。

"他甚至还告诉我，如果有人想要租用的话，也可以把自行车租给别人，而我则可以留下收取的租金，以作为对我帮他保管自行车的酬金。当然，如果我想要借给别人骑行，也没有问题，只要能让自行车保持整齐干净，尽量不要受到损伤就好。说到这里，老师想要请问大家，我的好朋友把自行车放在我这边两年多的时间，他给了我什么样的权利？”

权利的内涵

旭凯老师不疾不徐地说完这辆自行车的来历，冷不防地对聚精会神听讲的同学们抛出了问题。

“哎呀！原来老师还是在帮我们上课。”

“哈哈哈，我就说嘛！哪有纯听故事这么好的事。”

“老师实在是很会喔！”

同学们一边笑闹，一边开始思考老师的问题，因为这已经是他们习惯的上课模式。

“应该是‘使用’的权利吧？因为老师的朋友让老师可以随时随地骑这辆自行车。”

“是的，是使用的权利。”

“就算让老师可以借给别人，也是使用的权利。”

“如果是收租金的话，那就是‘赚钱’的权利了。”

“对啊！租给别人就是赚钱了。”

“赚钱，也是一种‘获利’的权利吧！”

“嗯，获利的权利。”

“所以是‘使用权’和‘获利权’了！”

旭凯老师听完大家的讨论之后，满意地点点头，接着说：

“没错，我的朋友让我有使用的权利，还有赚钱的权利。简单地说就是使用权和获利权。那么，老师想再问大家，在这种情况下，我可以告诉别人，这辆自行车是我的吗？”

“当然不可以呀！”

“人家的东西怎么是你的？”

“不行啊！这只是你朋友暂时寄放在你这里的。”

“只是放在你这里，这辆自行车还是你朋友的。”

“老师只是帮忙保管，并不拥有这辆自行车。”

“是啊！这辆自行车是你朋友的。”

同学们一人一句回答着。

旭凯老师继续问：“如果我可以把这辆自行车租给别人使用，那我也可以把这辆自行车转让或卖给别人吗？”

“不行啊！不是老师的车，当然不可以卖给别人。”

“可以租给别人，但是不能转让，不能卖。”

“可以租，因为租给别人还会还回来；不可以转让，因为一旦转让出去，别人就直接拿走了，那么等你朋友从国外回来，你就没有车子还给他了。”

“除非是老师的车子，要不然老师不能卖给别人，也不能转让给别人。”

在同学们一阵抢答之后，旭凯老师一面总结大家的分享，一面接着问：“因为这辆车子不是我的，而是我朋友的，所以我有‘使用权’和‘获利权’，但是没有‘转让权’。可是如果这辆车子是我自己的，我是不是就同时拥有‘使用权’‘获利权’和‘转让权’这三种权利呢？”

同学们想了一下，几乎异口同声地说：“是的！”

顺着大家肯定的答复，旭凯老师要大家进一步思考：“那么大家在平常生活中，还有什么时候，或者什么情况下，我们只拥有财产的‘使用权’和‘获利权’，但是并不拥有财产的‘转

让权’？也就是不能随便把财产卖掉，而且这种情况下，我们是否也不算真正拥有这个财产呢？”

志安第一个举手回答：“像我叔叔是开出租车赚钱，他的车子是出租车公司提供的，他可以使用这辆车子，也可以用这辆车子赚钱，所以他拥有这辆出租车的使用权和获利权。但是他不能把这辆车子卖掉，因为这辆车子是出租车公司的，所以他没有这辆出租车的转让权。”

志安一说完，旭凯老师就对他竖起了大拇指，称许他的答案。

“我的表姐在念大学，她租了一层公寓，公寓里面有三间房间。她自己住了一间之后，又把另外两间出租给其他两位同学，当起二房东。她告诉我，由于当初房东租给她的租金很低，一个月才4000元，后来她把另外两间房间出租给同学，一间房间2000元，加起来刚好也是4000元，等于她自己是免费住在那间公寓里。所以那间公寓对她而言，让她同时有使用权和获利权。但是毕竟这个房子不是她的，所以她没有这间公寓的转让权。”颇具有商业头脑的伦伦，在描述过程中，仿佛已经把表姐当成是未来学习的榜样。

“几年前，我的堂哥暑假要到美国参加夏令营队，他就把电视游戏机放在我家借我玩。那时同学到我家都很想要玩一下，我就借着这个机会让他们每玩一次收2元，赚点外快。记得那年暑假通过这个游戏机，我赚了好几十元钱，还用赚来的钱买了我非常喜欢的潮牌T恤。后来等暑假结束之后，我就把游戏机还给堂哥。像这个游戏机，我就只有使用权和获利权，因为这个游戏机是我堂哥的，所以我不能随便卖给别人或是转让，因此我就没有转让权。”家铭很得意地说着，仿佛还沉浸在用自己能力赚来潮牌T恤的喜悦里。

接下来好多同学也分享了各种不同的情况，有的是“借”来的东西，有的是“租”来的东西，有的是别人“暂时寄放”的东西，这些都只有使用权和获利权，但是没有转让权。

财产的三种权利

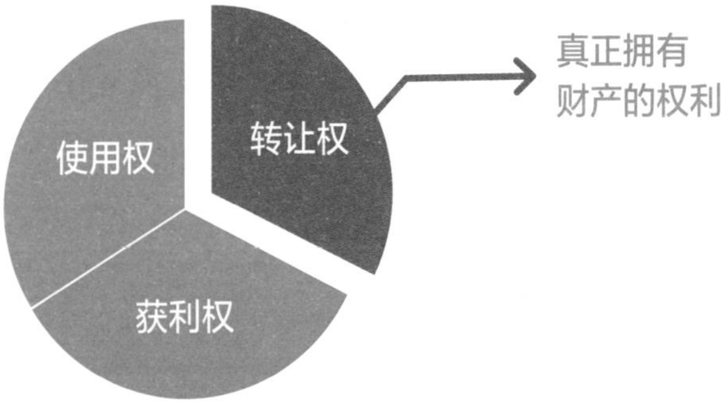

使用权
转让权
获利权
真正拥有财产的权利

真正拥有财产的权利

看到大家分享得差不多之后，旭凯老师问大家：“财产的权利一共有三种，也就是使用权、获利权和转让权。那么当我们告诉别人，我们拥有一样东西，或者是一种财产的时候，我们事实上是在告诉别人，我们有哪一种最重要的权利？”

“转让权！”所有同学几乎在同一时间说出了答案。

“没错，就是‘转让权’。”旭凯老师说着，“只有当我们真正拥有财产的时候，我们才能把财产卖出，也才能真正将财产转让给别人。如果我们并不真正拥有一份财产，我们最多只有使用权和获利权，而没有转让权。

“说到这里，老师再问问大家，我们在社交媒体上经常看到很多年轻人秀出令人羡慕的照片，他们不仅住在非常豪华的大房子里，还开着非常拉风的跑车、穿名牌的衣服、戴名牌的首饰、拿名牌的包包。这个时候，我们可不可以说照片中的人一定拥有这些非常奢华的财产，是一位非常富有的人呢？”

“不一定吧！要看这些东西是不是他的。”

“对啊，说不定是他借来的。”

“也可能是租来的。”

“可能是帮别人或品牌代言吧！”

“也许是富二代！”

“就算是富二代，也是他的财产啊！”

“如果是他的财产，他就可以转让。”

“就算他是富二代，如果他爸爸、妈妈不允许他转让的话，也不是他的财产。”

“嗯，有道理，除非他拥有转让权，要不然就不能说他拥有这些财产。”

旭凯老师一边听着同学们认真的讨论，一边在黑板上写下今天这节课的三点重要结论：

1. 拥有财产的权利主要有三种，即“使用权”“获利权”和“转让权”。

2. 拥有财产的“转让权”，才能算是真正拥有这个财产。

3. 不要羡慕别人表面上拥有的财产，只有他能够“转让”这些财产，才能代表他真正拥有这些财富。

思考时间

1. 除了本课的案例之外，思考你周遭是否有其他情况，对于财产只有使用权和获利权，而没有转让权？

2. 想一想，你拥有转让权且具有高价值的三个财产分别是什么？

08

■ 效用：同样资源不同感受

物件价值，因人而异

▶学习重点

1. 同样的资源可以有不同的效用
2. 不同的效用会来自主观认定
3. 花钱交易是效用最实际的认定

上课铃声刚响起，走廊上传来“喀啦、喀啦”的推车声音，旭凯老师在看热闹的同学们的簇拥下进入教室。映入大家眼帘的，是一台学校工友常常搬运东西的推车，推车上立着一块好大的木头。

旭凯老师等大家都坐定之后才慢条斯理地开口：“这个是老师上周末去台东发现的宝贝，是一位好朋友合法取得的漂流木。老师先告诉大家喔！漂流木不是在海边或是河边就可以随便乱捡的，因为漂流木属于宝贵资源，如果随便乱捡回去可是要被罚钱的。老师这个木头是买来的，所以可以说是花重金交换来的宝贝。”

旭凯老师怪里怪气的行为，同学们早就已经司空见惯，重要的是他们期待老师接下来会玩什么花样。

资源的不同效用

“既然是我花钱买来的，我就必须让这宝贝有好的价值。所以我想请同学帮我想想，怎样使用才能让这个木头宝贝产生不错的价值？”旭凯老师说完之后，手叉着腰，得意地欣赏着他从远方带回来的战利品。

“喔！原来老师要我们帮您想点子啊！”

“嗯，这个让我好好想想。”

“我觉得可以做成雕刻品，像这种大型的木材，很多艺术家都非常喜欢顺着木头的样子，创造出各种不同的雕刻艺术杰作，这个说不定可以卖到几十万元。”

“干脆做成一堆铅笔好了，然后老师全部送给我们，当成是纪念品，这样子以后我们看到这支铅笔的时候，就会想到我们亲爱的老师，那么对老师来说，就是最无价的事情，对吧？我真的是太聪明了。”阿福说完，还称赞了自己一番，让他周遭的同学一边笑闹着，一边拿起书本就往他身上砸。

“如果整块木头都不错的话，确实做雕刻品是很好的，但是如果有些内部已经腐烂的话，或许可以把它分解开来，做成小的雕刻艺术品，或是请设计师做成不错的挂饰或家具，这样的价值也是很好的。”

“我觉得可以做成环保筷！因为漂流木就是从大自然回收的礼物，如果做成环保筷的话，既可以延续回收漂流木的环保概念，又可以把大木头变成小筷子的故事分享给很多人，是非常有意义的一件事。”

“可以做成杯垫啊！”

“可以做成吊饰。”

“可以做成汤匙。”

“可以制作成环保积木。”

旭凯老师听着同学们各式各样的分享，充分地感受到他们想要把这一块漂流木的价值发挥到极致。“同学们的建议都非常好，没想到在你们口中，同样一块漂流木竟然可以得到这么多种不同的用法，给老师提供了好多新的灵感。等我回家之后好好算一下，到底怎样设计和处理，才能够让这块木头宝贝发挥最大价值。

“只是老师还有一个小小的疑问，我们刚才说的是把木头变成各种产品，就可能产生不同效用跟不同价值。但是如果是同样一个产品，一模一样的东西，对于不同的人会不会也有不同效用和不同价值呢？大家试着分享在生活中有没有这样的例子。”旭凯老师又抛出了第二个问题。

效用的定义

“老师，我曾经听过一个小故事，”晓青在旭凯老师刚问完后，就立刻回答，“有一个小朋友用卖T恤的方式，帮家人赚钱，详细的故事内容我记不太清楚了，但是一开始，小男孩一件T恤好像是卖40元，然后他爸爸问他，你有没有办法让这件T恤可以一件卖400元？这位小朋友想了半天，就找人画了迪士尼米老鼠的图案在T恤上面，后来真的有一位家里很有钱的小男孩用400元买回去。

“接着回家之后，小男孩爸爸又给他一个更困难的挑战，问他有没有办法把同样一件T恤卖到4000元。有了第一次迪士尼图案的经验，这个小男孩不再觉得这个挑战一定是达不成的。他在路边想了半天，突然有人告诉他，有一个非常有名的明星今晚要来到小镇，然后他就拼死拼活地找到机会和明星见面，并请他在T恤上签名，最后顺利地用超过4000元的价格卖了出去。

“虽然这只是一个故事，但是同样一件T恤，最后只是因为加了不同的图案和签名，就产生了不同的效用和价值。老师，不知道我这样说对不对？”

“说得非常好，是个很好的例子。”旭凯老师不仅口头上赞扬，还带着同学们一起用掌声表达最大的鼓励。

“我妈妈最近几年都尽量吃素，有时候她会碰到好朋友介绍很多好吃的牛排店，虽然牛排对我妈妈的朋友来说是非常吸引

人的美食，效用非常高，但是对我妈妈来说，反而是相见不如不见，因为这些荤食对我老妈是产生负面效果的。”

“就像去儿童乐园玩，每次看到海盗船还有云霄飞车，我就兴奋得不得了，这些刺激的东西对我来说，效用可高着呢！可是我的姐姐很胆小，她最多只敢玩碰碰车或是咖啡杯，但是我对这些设备却一点都不感兴趣。所以对我和姐姐来说，不同的游乐园设施，几乎是有着完全相反的吸引力和效用。”

“我们家非常奇怪，光是喝水这件事情，对我老爸和我们家其他人，就有着完全不同的效用。像我爸口渴的时候，几乎不喝白开水，因为他说白开水没有味道、不好喝，所以常常都喝茶、喝咖啡。更夸张的是他自己很喜欢买一些手摇饮或是奶茶来喝，就算告诉他这些饮料的甜度很高，对他的糖尿病会有不好的影响，他也不太理我们，所以除了水之外的其他饮料，对他的效用都很高。

“反而是我们家妈妈和孩子都很少喝饮料，除了习惯喝白开水之外，当然也是因为我们没有这么喜欢喝有糖分的饮料，换句话说，有糖分的饮料对我们来说效用是很低的。”伦伦有点无奈地娓娓道来。

“我从小就喜欢坐飞机，不管去哪儿旅行，如果有机会坐飞机的话，我一定会选择用飞行的方式去旅游，一方面我觉得交通时间可大幅减少，另一方面我喜欢透过机窗看着陆地渐渐远离的感觉，还有空中白云环绕在身边的美感。

“但是我阿姨几乎从来没有坐过飞机，后来我才知道她不仅有恐高症，也有幽闭恐惧症，所以在飞机的密闭空间和高空飞行过程中，对她而言是极度可怕的。因此，同样都是飞机，对我的效用是非常大而且良好的，但是对我阿姨来说就是负面的效用。”

“虽然我是女孩，但是我喜欢穿裤子，不喜欢穿裙子，裙子

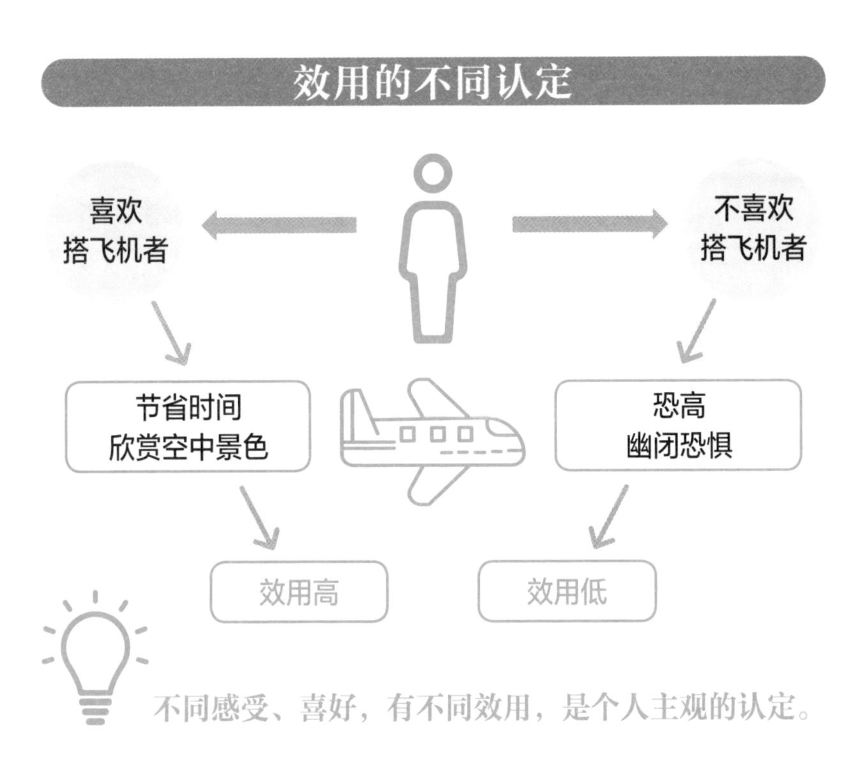

对我的效用和吸引力就很低。”

“虽然我是男生，但是我还蛮喜欢粉红色的东西，可能跟我家有很多女孩有关吧！粉红色的效用对我还蛮高的。”

“我喜欢有空没事就跑步，所以一双布鞋对我而言就足够了，反而是皮鞋对我的效用不高。”

听着大家热烈的分享，旭凯老师感受到大家对“效用”的定义已经有着非常明确的理解，甚至可以很清楚地知道，每一个人对同样的东西，都可能会有着不同的感受，甚至有正反两极的效用和认定。

主观&客观

“不同的人会有不同的感受、不同的喜好，因此同样一个东西也会产生不同的效用。请问大家，这种不同的效用，是客观认定的，还是主观认定的？”旭凯老师想趁着这个机会，了解一下同学们是否理解客观和主观的意思。

“是主观认定的。”

“每个人的想法不一样，那就是主观认定的。”

“不同的看法，就是每个人有不同主观的想法。”

“感受和效用这种东西，一定是主观的啦！”

看起来旭凯老师多虑了，同学们非常清楚，感受和喜好所带来的“效用”来自每个人不同的“主观”认定。

“老师要继续请问大家，既然每一个人对于同样一个东西，会有不同的感受、不同的喜好，最后表现出不同的效用认定，那么对每个人来说，到底效用的高低会有什么样的行为模式呢？”旭凯老师停顿了一下，又接着说：

“比如妈妈喜欢吃素，那么她去菜市场买菜时，通常会买什么？

“爸爸喜欢喝甜的饮料，那么他去便利超商的时候，总是会买什么？

“阿姨不敢坐飞机，那么她去旅行的时候，会买什么交通工具的票？

“女孩不喜欢穿裙子，那么挑选新衣服的时候，她会买什么？”

旭凯老师再补充说明：“听老师说了半天，你们认为我们通常会用什么样的行为来展现这些东西的效用高不高？”旭凯老师慢慢地说着，尤其是说到“行为”这个词的时候，还特别加大了重音，让同学们感受到这个词的关键。

效用的认定

“买！”

“有效用才会买。”

“我们会买效用高的东西。”

“买了才算是喜欢，效用才高。”

“就是‘买’。”

“没错，通常我们判断一个东西，或是一件商品对我们到底有没有产生效用，会不会让我们喜欢，或者是否吸引我们，最简单的方式，就是是否会花钱购买。比如你买咖啡，就代表你喜欢咖啡，主观上咖啡对你产生效用；你买豆浆，就代表在这个时间点你想喝豆浆，主观上豆浆对你产生效用。

“所以花钱交易买商品，就是直接告诉商家这个东西对你来说确实产生效用。这正是做生意的本质，也是所有企业通过各种不同的营销和广告，让我们消费者对商品建立‘效用’的联结。如果我们通过花钱的方式把商品买下来，就等于告诉企业，这个商品对我是有效用的。”旭凯老师一边说着，一边把准备好的投影片放出来，让同学们仔细认识一下今天这节课的三个重要结论：

1. 同样的资源，会产生不同的效用，就像一块木头，既可以做成实用的铅笔或筷子，也可以成为一个无价的艺术品。

2. 对于同样的东西，不同的人会产生不同的感受、不同的喜好，也会有不同的效用。所以“效用”是个人“主观”的认定。

3. 花钱交易，或者说买卖消费，是辨别商品服务是否产生“效用”最直接的方法。如果商家推销一件东西给客人，客人买了，就是产生效用；没有买，就是效用不足以大到让他购买。

思考时间

1. 除了本课所说的木头，是否还可以举出不同的例子，说明同样一个资源可以创造出不同效用的商品？

2. 可否用自身的案例，说明同样一件东西对你和其他人产生完全相反的效用？

3. 通过你每个月花费最多的商品或服务，说说看什么样的东西对你会产生最大的效用？是否可以多思考一下，商家是用什么方式吸引你购买的？

09

■ 价格：有效竞争资源分配

价格是资源稀缺的指标

学习重点

1. 价格变动传递资源稀缺的程度
2. 价格指导生产方式和资源分配
3. 价格影响获利和市场经济循环

今天空气感觉异常舒爽，可能是因为一整个早上都有微微的清风不断围绕在每个人身旁，窗外树叶偶尔摇曳发出沙沙声，让人突然有种置身度假地区的疗愈感。

旭凯老师踏着轻快的步伐走入教室，并且一反常态地什么东西都没带，除了一杯熟悉的便利商超咖啡。他看看咖啡，又看看同学们，一派轻松地说："还好商超咖啡的价格没有涨，最近好多商品的价格都持续不断地往上攀升。"

价格与需求的关系

旭凯老师喝了一口咖啡继续说："我们之前曾经说过，价格其实是由需求决定的，如果没有需求的话，价格定得再低也不会有人买。

"而且学习前面的课程之后，每一个东西对不同的人来说，效用可能都不一样。说到这里，很多同学大概可以联想到，对每个人来说，不同效用显现出来的，其实就是他对这个物品的需求。所以，如果商品数量不是很多，但是这个商品对很多人来说效用很大，也就是很多人对这个商品都有需求，那么老师请教大家，这个商品的价格会比较高，还是比较低？"

"高！"

"比较高，因为大家都想要。"

“价格会比较高。”

“这种很多人都想要或需要，但是资源就这么多，以至于让价格持续往上涨的情况，我们会说这个资源是很充足，还是很稀缺？”旭凯老师问。

“稀缺。”同学们异口同声地答复。

旭凯老师接着说：“所以任何资源或是商品，它的价格高低，主要与我们的需求所呈现的稀缺程度有关，跟这个资源重不重要，对我们人生影响大不大，并没有直接的关系。就像‘钻石’或各种奢侈品，就算你没有，你也可以好好过日子。但是因为这些东西数量不多，如果很多人需要，它们就会变得很稀缺，那么价格就会变得很高。

“但是像‘水’这么重要的东西，如果我们很短的时间内没有补充，可能就会有生命危险；不过因为水的数量非常充分，目前并不稀缺，所以我们才可以用非常便宜的价格得到这么宝贵的资源。

“这就是为什么像前面课程曾经说过的，‘价格’是一种相对比较公平的竞争工具。你只要有钱，就可以买到稀缺的物资。而为了有钱，我们就会努力工作去提供别人想要或是稀缺的物资。这么一来，价格就是让整个经济社会持续进步的好工具。”旭凯老师一边说着，一边吸着秋天空气里的微微清香。

然后老师又缓缓地说："既然'价格'是这么重要的工具，老师今天想再跟大家深入讨论与分享更多价格的概念，看看它会怎样影响我们的日常生活行为。首先，针对'稀缺'会造成'价格'变动的情况，同学们要不要也分享一下你们最近生活中碰到的例子？"

"前一段时间因为禽流感，大量鸡被扑杀，很多鸡农损失非常多的母鸡，结果鸡蛋数量也连带着大幅下降，突然之间，鸡蛋就变得非常稀缺。我一开始还不是很清楚它们之间的关联，但是陪着我妈妈去菜市场的时候，一开始是突然买不到鸡蛋，因为都被大家抢光了，后来是鸡蛋的价格变得好贵，听到我妈妈和卖鸡蛋的商人聊天，才知道整个故事的由来。"

"对啊！不仅是鸡蛋，我家住在夜市旁边，原本就有一个非常有名的碳烤鸡排商店，一块鸡排本来12元我就觉得很贵了，后来这几年一路涨价，涨到去年底的时候是15元，这半年来一下子又涨到了18元。本来36元能买到三块鸡排，现在只能买两块了，现在才知道原来都是禽流感惹的祸。"

"那天表姐在美国和我视频通话，我才发觉稀缺带来的价格上涨有多夸张。她说她最近刚买一个韩国团体去美国演出的音乐会门票，才开卖不到几分钟，一张门票的价格就从150美元涨到500美元。原来音乐会的票价是浮动的，一开始售卖的时候，价格比较低，但如果票剩得越来越少，也就是票越来越稀缺的时候，价格就会持续飙高。这个就是资源稀缺和价格之间最明显的对应关系。我表姐说她用500美元买到一张门票，看起来很贵，但实际上已经非常便宜了，因为她好多朋友最后花了两三千美元才买到一张门票。”所有人听完珊珊的分享之后，都睁大了眼睛。

“前两天听舅舅和爸爸、妈妈聊天，我才知道每一个人的薪水，其实也可以看成公司付给每一个人的价格。因为我舅舅自己创业开软件公司，他说现在很多优秀毕业生都进入大型电子公司了，所以像他们这些比较小的创业公司很难招到好的程序设计工程师。当人才变得非常稀缺时，他们就要支付非常高的薪水，也就是非常高的价格，才能够招到他们理想中的人才。”

“看来大家都理解‘稀缺’会让‘价格’持续不断地上涨，但是老师一直要强调的是，就算是稀缺的商品，也要首先存在需求，当有这个需求的时候，竞争才会出现，而价格才会成为竞争的工具。换句话说，如果没有任何需求，就算再怎么稀缺，也没有人要，那么也就不需要任何类似价格的竞争工具了。”旭凯老师在此做了一个小小的总结。

价格与生产方式、资源分配

旭凯老师又接着问大家："如果商品或是服务稀缺，而客人或消费者又想要，也就是有这个需求，然后推升了价格，那么如果你是生产这商品的商人，你会有什么样的反应，或者会以什么样的行为来因应这种稀缺造成的价格上涨呢？"

"我是商家的话应该很开心吧！因为会让我赚得更多啊！"

"如果赚得更多，我可能就会把钱拿来继续生产更多商品。"

"既然赚钱了，就有更多的资源，可以思考怎么样有更容易赚钱的方式。"

"商家看哪一个产品的价格比较高，能够让他赚更多钱，那么他应该就会花更多时间去卖这个商品。就像他卖各种蛋类产品，结果鸡蛋价钱最高，获利也最多，那么他应该会进更多的鸡蛋来卖，而且减少贩卖其他的蛋类吧！"

"美国的表姐也告诉我，后来因为这个韩国团体的票卖得特别好，本来只计划在美国演出十场，最后筹办的厂商又决定加演了十场，应该是赚翻了。"

"我舅舅也说了，如果这些程序设计工程师的薪水越来越高的话，会让很多学生在未来填报大学志愿的时候，选择这个方向的专业。换句话说，如果把大学当成是一个人才的生产基地，那么这个生产基地就会因为特定人才的获利最高，而培养出更多这样的人才。”

“就像疫情刚开始的时候，口罩非常缺乏，很多原本生产口罩的工厂都增加设备，以提高生产口罩的效率。到了现在，口罩几乎是和卫生纸一样的消耗品了，每天的用量都变得非常大，所以在这种情况下，工厂开始推陈出新，在口罩上放上不同的名牌图案，甚至还有香氛的配件。这些都是因为口罩开始能替工厂赚钱，因此厂商在有利可图的情况下，改变了他们的生产模式。”

价格与生产方式的关系

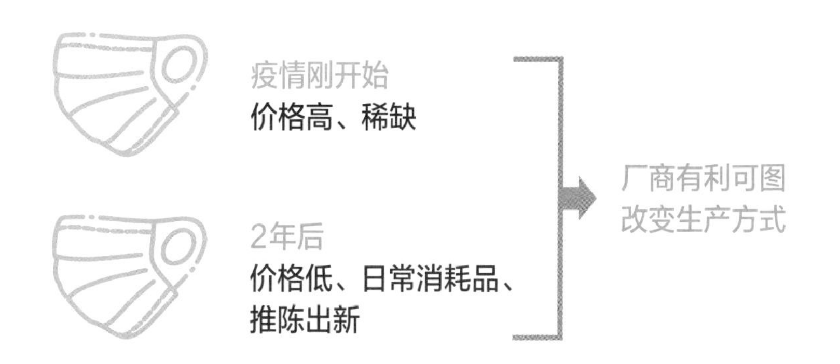

旭凯老师听完大家的分享，接着说：“没错，同学们都说得非常好，稀缺的资源如果带来价格的上涨，那么对于生产者来说，就会增加获利。而在增加获利的情况下，就会进一步鼓励厂商把更多资源放在可以赚钱的项目上面。相反，如果价格下跌，厂商赚不到钱，他也会减少这部分商品的投资。换句话说，价格的变动会非常直接地影响生产者或是厂商调整‘生产的方式’，还有‘资源的分配’。”

价格循环/经济循环

“老师换个角度再问大家，如果价格变高了，就像鸡蛋因为稀缺所以变贵了，这时候很多人都跑去养母鸡来生蛋，因为卖鸡蛋可以赚很多钱。那么当越来越多的人卖鸡蛋时，又会发生什么事情？”旭凯老师问。

“越来越多的人卖鸡蛋，那么鸡蛋就会越来越多，结果鸡蛋就不稀缺了啊！”

“对啊！如果鸡蛋不稀缺，那么它的价格就会变得越来越便宜。”

“如果鸡蛋变得很便宜，就不能赚很多钱，那么人们就不会想要生产鸡蛋、卖鸡蛋了。”

“欸？那么在这样的情况下，鸡蛋不就又变少了吗？那不就又稀缺了？”

“那价格又变贵，又有人要去生产鸡蛋、卖鸡蛋了？”

“哇！感觉变成一个循环了！”

“哈哈哈，大家说得太好了，这就是我们常常会听到的价格循环，又或者是经济循环。”旭凯老师一边说着，一边写下今天这节课的结论：

1. 资源稀缺，再加上人们“想要”或者有“需求”，就会使得资源的价格持续上涨。换句话说，价格可以反映资源的稀缺程度。

2. 价格的变动，也会影响生产者的生产方式和资源分配。如果价格高、获利多，就会用更多资源进行生产；反之，如果商品价格低、获利低，就会减少资源投入。

3. 资源稀缺让价格上涨，使商品有利可图，会吸引更多人进行生产，当资源变得充足时，价格又开始下跌。而价格下跌会使商品无利可图，让更多人退出生产，进而使资源稀缺又回到价格上涨，这就是“经济循环”。

思考时间

1. 想想自己的日常生活用品，有没有因为“稀缺”而造成价格上涨？

2. 为什么很多排队的名店，明明价格这么高，还是让大家排着队，不肯多生产一点让自己多赚钱？

10

■ 通胀：小心涨价吃掉财富

把钱存起来是好事吗?

学习重点

1. 存款会因为通货膨胀降低财富
2. 资产能随时间增值才是好资产
3. 知识是抵抗通货膨胀最好的财富

旭凯老师走进教室之后，先把一个很大的炸弹面包放在讲台上，然后就叫班长把他手上一沓10元面额的玩具钞票，发给同学每个人一张，接着问大家："如果今天全世界就只有这么一个面包，而你们每个人手上都有银行发给你们的10元，请问一下，如果你们要买这个面包，到最后这个面包会用多少元成交？"

"10元吧！"

"大家都是只有10元而已呀！"

"对啊！先买先赢。"

通货膨胀

旭凯老师说完之后，就请班长把大家的10元玩具钞票收回来，然后再发给每个人一张100元的玩具钞票，接着问大家："如果全世界还是只有这么一个面包，而你们手上都有银行发给你们的100元，那么你们觉得最后这个面包会用多少元成交？"

"100元啊！"

"钱又不能吃，面包才能吃。"

"如果我拿10元跟老师买，其他人一定会用更高的价格去买，到最后真正买到的人，一定是用掉全部的财产，也就是100元全部花掉的那个人。"

“对啊！因为大家都只有100元。”

旭凯老师接着说：“没错，原本每个人只有10元，就会用10元来竞争这个面包，因为面包有限而且稀缺，所以就会用价格来竞争，但是每一个人的最高财产只有10元，所以最后价格就会落到10元。等到每个人拥有的货币都变成100元的时候，面包若还是只有一个，也还是同样的稀缺，那么大家还是会用价格来竞争，这个时候最高的财富变成100元，所以价格就会落到100元。

“流通的货币，或者是银行发放给所有社会的货币，我们简称为‘通货’。如果整个社会贩卖的商品没有增加，就像刚才的面包一样稀缺，但是在外面流通的货币，也就是通货增加了，商品的价格就会上涨，这个时候就称它为‘通货膨胀’。所以简单来说，当我们听到‘通货膨胀’四个字的时候，就代表大部分商品的价格持续不断地上涨。比如一个炸弹面包，现在的市场价格差不多是6元。大家猜猜看，在老师小的时候，这一个炸弹面包大概是多少钱？”

“4元。”

“5元。”

“3元。”

“2元。”

“3.6元。”

“6……角……”旭凯老师故意放慢速度，然后观察同学们讶异的表情。

“哇！”

“差这么多！”

“价格涨了9倍！”

“太夸张了！”

“涨了9倍，实在是太可怕了！”

旭凯老师继续说：“所以，如果那个时候年纪小小的老师，藏了60元想要买炸弹面包，可以买100个，一个月都吃不完。但

通货膨胀的概念

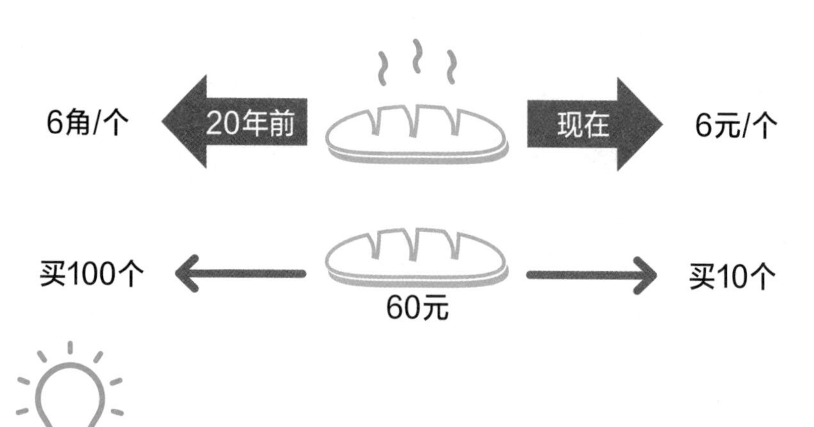

通货膨胀，代表物价上涨。

是如果放着放着，放到现在才把它拿出来花，就会发现我的60元现在只能买10个炸弹面包，吃个两三天就没了。所以，大家想想看，如果物价一直涨，也就是老师刚才说的通货膨胀持续不断地发生，那么我们把钱‘存’起来到底是不是好事？”

存款&通货膨胀的关系

旭凯老师问完之后，同学们略经思考，在一小段沉默之后，就开始纷纷表达自己的看法。

“存钱，是累积财富的重要方法，再怎么样都比一下子把钱花光光，什么都没有留下来好。”

“存钱，还是有必要的，只是可能要认真思考通货膨胀带来的影响。”

“如果没有考虑到通货膨胀的话，存钱会让我们的财富缩水。”

“老师当初就应该买100个炸弹面包，然后继续卖给别人，然后继续买、继续卖，如果一直维持有100个炸弹面包的话，那么老师今天的财产就有100个炸弹面包乘上每个炸弹面包6元，一共有600元了。这样，随着炸弹面包价格的上涨，老师的财富也会逐渐变多。”有商业头脑的伦伦说完之后，旭凯老师立刻对她竖起了大拇指，称赞她的分享。

“我妈妈说存钱是件好事，因为存在银行里面，可以赚到利息。但是今天听老师讲完之后，如果当初老师的60元存到银行或邮局，但是不能够赚很多利息让钱变很多，而且多到像刚才伦伦说的600元，那么今天就买不到当初能买到的面包数量了，也就是财产变少了。那么我们就要想想，这样的存钱可能划不划得来。”少安跟着伦伦的分享补充。

“对啊！难怪我爸爸常说我们不仅要存钱，更要了解怎么样去投资，可以用钱去赚钱，才不会让钱贬值，能买的东西越来越少。今天我才知道，原来通货膨胀是因为东西一直在涨价，这可能会让我们的钱越变越不值钱，能买的东西越来越少。”志豪也跟着附和少安的反馈。

“大家都分享得非常好，就像同学们说的，存钱还是必要的。如果拿到钱就花光光，那么就是坐吃山空，不仅未来想要买什么东西时你都没有任何积蓄，甚至是临时碰到紧急用钱的时候，也没有办法应急。所以存钱，本来就是累积财富、防患未然的一种必要做法。

“不过，今天学到通货膨胀，了解如果只是把钱存放着不去管它，可能有一天会突然发现，能买的东西变少了，也就是财富缩水了。所以，必须让我们的钱，在储蓄和存下来的过程中，能够越变越大，而不会影响我们购买的能力。

“那么老师要大家想想看，有什么样的方式可以让钱随着时间流逝而持续越变越大，同时一直增加它的价值？”旭凯老师在肯定同学们的分享之后，又让大家思考第二个问题，进一步寻找面对通货膨胀的解决方案。

通货膨胀的解决方案

“像刚才伦伦说的，一直买卖面包就是一个好方法，其实就是‘做生意’。一直做生意，就可以一直把钱变大。”

“做生意也是一种投资，就是把原来的钱变多。虽然做生意也会亏钱，但是我爸爸就是一个创业家，他常常说投资做生意会一直累积经验，慢慢地会让赚的钱越来越多，虽然有的时候也会亏钱，但是只要赚的钱比亏的钱多，我们的财富就会增加。”

“对啊！我爸爸也说投资虽然有赚有赔，但是必须要借着投资学习，才会让自己做出比较好的决定，让钱越变越多。”

“股票也是一个好方法，能抵抗物价上涨，或者通货膨胀，让我们的财富增加。”

“虽然我不是很懂股票，但是我听大人说过，他们小时候到现在快三十多年的时间，股票大盘也涨了快20倍，如果当初很认真地把存款拿来投资股票，说不定当时能够买100个炸弹面包，到现在可以买200个炸弹面包，这样子财富反而增加了。”盈均难得发言，说完之后，旭凯老师用双手对她比了两个大大的赞。

“投资房地产也可以让财富增加，我叔叔就非常喜欢买房子、卖房子，他说房子或土地价格会随着时间一直不断地上涨。因为人口会越来越多，而且大家活得越来越久，可是房屋和土地都是有限的。就像老师之前说的一样，因为房屋和土地都是稀缺资源，可是大家都要住房子，就有对房屋和土地的需求。

“既然人口越来越多，对房子、土地的需求越来越高，那么为了竞争稀缺资源，自然房地产价格就会上涨。所以如果买了房子，随着时间让价格一直上涨，也会让我们的财富价值一直不断地增加。这就是叔叔告诉我的，以后长大可以存钱买房子，这样可以增加财富。刚才上课听完老师的讲述之后，我才知道，原来买房子也可以抵抗通货膨胀，避免自己的钱贬值，不让自己的财富变少。”佩婷很认真地分享，把老师曾经教过的相关知识都整合在一起。

“没想到大家对‘投资’的概念都这么有想法。通过投资，也就是用自己的钱去赚钱，的确能够让自己的财富随着时间的流逝不断增加，从而避免因通货膨胀的影响而让财富缩水。

“不管是做生意，或者是投资股票、房地产，都是让自己财产或者财富增加价值的方式。但是就像同学们刚才说的，投资有赚也有赔呀！那为什么投资就能够让自己的财富增加，就能够抵抗通货膨胀，让我们不会受财富缩水的影响呢？而在这么多投资中，我们如何知道哪一种投资比较好，会真正让我们赚得多、亏得少？”旭凯老师问大家。

“应该要边投资边学习吧？”

“失败为成功之母，做了才知道。”

“我爸爸说‘知识’很重要。”

“要一直学习，累积更多的知识，才知道投资哪一种东西会比较赚钱。”

“做了之后，累积经验很重要。”

“对啊！经验也是一种学习和知识。”

旭凯老师接着说：“是的，不管是做生意也好，投资股票市场或者房地产也罢，虽然都会有赚有赔，但最重要的是，持续不断地学习、累积经验，增加自己判断的能力和知识，才会真正抵抗通货膨胀，增加自己的财富。

“最能抵抗通货膨胀的，就是你们脖子上这颗宝贵的小脑袋。所以上老师的课千万要认真听讲、好好学习，这样才能让你们的小脑袋多装一点有价值的知识啊！”旭凯老师说完，全班开始出现笑闹的啧啧声，似乎响应着老师用心良苦的机会教育。

而旭凯老师也在下课铃声响起之前，把今天这节课的重点结论写在黑板上：

1.“存钱”，是累积财富的重要途径。

2. 寻找合适的“投资”方法，让储蓄的存款不易受到通货膨胀的影响，是累积财富的重要观念。

3. 投资有赚有赔，必须持续不断地学习、累积经验，用强大的“知识”让自己理智地投资，才能真正让财富不断地增值。

思考时间

1. 看看自己有没有存款的习惯，用什么方式存钱？是固定时间还是偶尔存钱？

2. 上网查查看“通货膨胀”四个字，在过去十年间，我们的通货膨胀率，也就是价格上涨的幅度平均是多少？

3. 选一个投资方式，看一看如果十年前你把钱投资下去，经过十年，赚的钱会不会被前面十年的通货膨胀影响，而减少我们拥有的财富？

11

■ 稀缺：商业模式竞争本质

需求越高，竞争越多？

学习重点

1. 稀缺就是自己想要别人也想要
2. 需求会不断进化进而创造稀缺
3. 创造稀缺也是商业竞争的本质

在持续一段阴雨绵绵的天气之后，太阳终于露脸，呈现暖暖的大晴天，旭凯老师走进教室，喝了一口热乎乎的美式咖啡，对着同学们说："假如每天都是艳阳天，我们可能就不会感觉到太阳公公是如此的可爱；同样的，如果每一天都是下雨天，我们也就不会觉得雨水如此的重要。这，就是'稀缺'的感觉。"同学们听了都点着头，表示非常能理解老师所说的。

"所以，'稀缺'会让我们特别重视身边的资源，也是我们会竞争、会想要拥有特定事物或资源的原因。不过，老师想问问大家，纯粹针对拥有财富这件事情，有没有哪些人，对财富没有稀缺的感觉？不管是古代，或者现代的人都可以。"旭凯老师很快地提出问题引导同学。

同学们几乎不假思索地说：

"富二代吧！"

"很有钱、含着金汤匙的富二代。"

"日本皇室。"

"哈哈哈，那还有英国皇室。"

"我爸的偶像巴菲特。"

"比尔·盖茨。"

"埃隆·马斯克。"

"郭台铭。"

“张忠谋。”

等到大家的分享告一段落，旭凯老师接着说：“同学们说的这些现代或古代的人，他们都拥有很多资源，或者说拥有很多财富，通过这些资源或者是财富，可以说‘要什么就有什么’，因此他们没有稀缺的概念。所以，如果我们想要什么，但是不能随便就拥有什么的时候，稀缺的感觉就产生了。

“大家再想想，除了财富之外，有没有什么是你很想要，别人也很想要，但这个东西不可能每个人都拥有，这便产生‘稀缺’的感觉？请试着分享看看。”

稀缺的原因

“喔，这种感觉在我身上最明显了，我几乎每天都跟弟弟上演各种不同的竞争戏码。小时候只要是我的玩具，我弟弟就喜欢和我争，只要是我手里面有的零食，我弟弟就喜欢和我抢。只要是我想要的，我弟弟都想要。好像只要跟他在一起，我几乎什么东西都是稀缺的。

“今天听老师讲完之后，我发现一件事情，就是不仅玩的、吃的，会有这种稀缺的感觉，甚至是我老爹、老妈的关爱，我也觉得突然变得稀缺。我都想过，如果没有这个老弟的话，我们家所有的东西都是我的，我要什么就有什么，这样就跟皇帝一样。

“说来说去还是要怪我自己，听我妈妈说，当初就是我的嘴巴蠢，我妈妈问我会不会想要一个弟弟或是妹妹，我就告诉她，我想要一个能够陪我打球的弟弟，结果就变成了今天可怜的‘稀缺’模样。唉，真是自作孽不可活呀！”最爱搞笑的俊彦，有模有样地说完之后，全班笑得东倒西歪，但只要是有兄弟姐妹的同学们，都心有戚戚焉地鼓掌叫好，就连旭凯老师也都跟着大家鼓掌认可。

“之前跟我妹妹两个人去参加国标舞比赛，我觉得我跳得真的很不错，至少比我妹妹要厉害很多。结果我参加的那个组别，我什么名次都没有拿到，但是最后成绩出来，我妹妹参加的那个组别，她竟然拿了第三名。我为她高兴，又觉得太不可思议，就跑去问了老师，才发现，因为妹妹的年纪很小，她那个组别参加的人数非常少，一共只有三名选手，所以我妹妹是第三名，其实也是最后一名。

“这样以后我要去比赛的话，我都要去参加那种选手人数比较少的组别，这样‘名次’就不是这么稀缺的东西，说不定我也可以拿一个前三名。”不等玫珍说完，只听到她说妹妹是第三名，也是最后一名的时候，大家的笑声就更大了。

“有道理，我也要转班。”

“我也要转去人比较少的班级。”

“我干脆来转学好了。”

“对啊！来看看有哪些学校，一班只有三个人的，那这样的话，我怎么考试都是前三名。”

“哇！这样一来什么资优生、模范生就不是稀缺资源了！”

看起来玫珍的这个分享，得到大家非常多的共鸣。

“我觉得每天的‘时间’，又或者是平常的周末、寒暑假，对我来说都是非常稀缺的资源，因为我想要赶快把作业写好，又想要玩电动玩具，还要和朋友一起出去玩耍，有的时候还忍不住赖床，总是觉得时间不够用。简单地说，就是有好多事情都要抢占我稀缺的时间。”俊杰似乎也说出了好多同学的心声。

“和俊杰有点类似，但是我还是觉得零用钱是我最稀缺的资源。吃喝玩乐有趣的事情实在是太多了，而且真的都太花钱了。听完老师刚才的分享之后，我觉得身边有太多诱惑，要来争夺我那可怜巴巴、稀缺得不得了的零用钱。”阿福夸张的语调，又引来同学们的一阵讪笑。

“我舅舅是广告设计的总监，前一段时间他来家里和爸爸、妈妈聊天的时候，我听到他说，做广告设计真的不是一件容易的事情，因为我们每一天、每一个人都会接触到很多讯息，更不要说接触非常多的广告。所以，要设计一个非常吸引人的广告，让消费者能够记住，会变得越来越困难。其中最关键的原因，就是人们的‘注意力’其实是非常稀缺的。

“如果有越来越多的广告，又或者是越来越多的信息，要来竞争这么有限的注意力，就会让我们有限的注意力变得更加稀缺。那么所有商家想要通过广告来吸引人们的注意，就变得更加艰难了。”家欣说完之后，老师和所有同学都肯定地点头称许。

旭凯老师接着说：“造成稀缺的原因，除了自己想要、别人也想要所造成的资源竞争之外，另外一个很重要的原因，就是

形成稀缺的原因

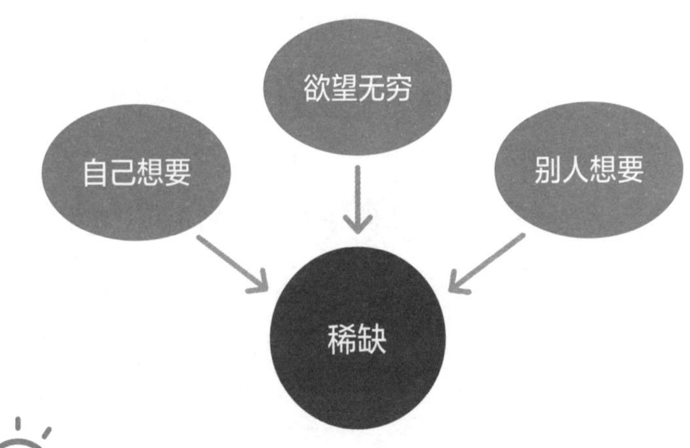

欲望无穷，是造成稀缺的最重要原因。
因为通过需求的升级，会形成稀缺竞争。

我们的欲望是无止境的，而这个欲望会让我们的需求一直不断地提升。

“就像老师一开始跑步的时候，只是为了健康跑步，后来和朋友一起参加十公里的比赛，完成之后就想要再参加个半马，等到完成了半马，又会想要再进一步去参加全马。如果大家的欲望都这样一点一滴地前进，那么参加全马的人就会越来越多，然后就像刚才同学们分享的，这种前面的名次、名额相对而言就更稀缺了。

“所以，欲望和需求的升级，也是造成稀缺的重要原因。那么大家也想想看，生活中还有哪些稀缺是因为需求升级造成的？”

需求升级形成的稀缺

“光是搭乘交通工具，就是一个持续不断升级的过程。我妈妈说，她们小时候搭的火车都非常慢，后来等火车提速之后，大家都想要乘坐，火车就变成了非常稀缺的资源。”

“对啊！以前只有公交车的时候，一碰到堵车就会花费非常多的交通时间，后来有地铁之后，就可以省了很多时间，于是大家都会抢搭地铁，这也算是一种需求升级。”

“我们家附近有一家糕点店，本来店面很小，所以去那边买蛋糕的大部分都是外带，后来生意越来越好，老板就在原来的店面旁边租了一个更大的空间。这个更大的空间就变成了糕点加上咖啡店，而且装潢非常漂亮，来买糕点的客人，可以坐下来吃着美味的糕点，喝着香醇的咖啡，还能享受美好的环境。

“像这样的空间，应该就是需求的升级，而店里有限的座位就是非常稀缺的资源吧！现在我常常去那边，不是看到很多人在排队，就是要提前订位才能够在里面享用糕点、咖啡。看来大家都想要的东西，就真的变稀缺了。”

听完同学们热烈分享之后，旭凯老师说：“需求升级之后，也会创造稀缺的情况。就像吃东西，一开始只要吃得到就行了，接下来就会想要吃得饱，然后开始讲究要吃得好、吃得精致、吃得有气氛。而穿衣服也是一样的，一开始只要能够遮蔽身体就行了，接着就想要能够保暖，更进一步还要穿得好看、穿得有品味，还要能搭配场合、搭配节庆，更要随时能够跟得上潮流的步伐。在需求升级之后，想要的东西就越来越多，而当你想要的东西，别人也同样想要的时候，就会形成稀缺。”

“同学有没有发现，这种创造稀缺的情况，好像就是商人常常推出让我们会有消费欲望的手法？”旭凯老师再次问大家。

“有！”

“好像是哎！”

“真的就是这样。”

“没错。”

“不管是安卓或是苹果，智能型手机一直都在更新换代，尤其像我们家都是果粉，就会拼命想要买新的，总是感觉一直被推着去消费。”

“网络电商也是一样啊！电商APP常常会推送广告给我们，告诉我们有哪些限时的特价，或者是限量的商品。搞得好像不买就来不及似的。”

“是啊！类似双十一或者是黑色星期五的这种年度大采购，就是将特定时间、特定折扣当成是非常稀缺的资源，让我们大家都想要，然后让大家疯狂地去采买。”

“这样说起来，商超常常在推的折扣，不管是第二杯半价，或者是买一送一，其实也是引起大家都想要的欲望，然后创造这种需求的稀缺感，从而让我们想要去购买。”

“对啊！真的是太聪明了。”

“我以后也要这样做生意。”

下课铃声刚好响起，旭凯老师不疾不徐地在黑板上写下今天这节课的结论：

1. 造成稀缺的重要原因之一是大家都想要特定的资源，而这个资源并不足以让大家同时拥有。

2. 造成稀缺的另一个原因是人们的无穷欲望。通过需求升级，大家更想要进一步的资源，于是产生新的稀缺竞争。

3. 创造稀缺，也是所有做生意的本质。商家就是通过让每一个人想要，而且持续不断地升级需求，让消费和交易能够一直发生。

思考时间

1. 空气污染，让我们体会到干净的空气也可能会稀缺。土地的滥垦滥伐，也会让我们体会到自然环境的稀缺。是否还可以再举出一些稀缺的例子，让我们体会到珍惜资源的重要性？

2. 除了文中描述的例子之外，是否能再举出一些商家通过“创造稀缺”，让我们非常想要而持续不断消费的案例？

12

■ 边际：越多未必真的越好

东西越多，满足感就越高吗？

学习重点

1. 边际就是每多增加一个的影响
2. 边际效应会随着增量越来越小
3. 价格就是最后感受的边际效应

刚进入教室，旭凯老师就请班长把他扛进来的一袋橘子分给大家，这可不是一小袋，而是一大袋，算了一下，每个人平均大概可以拿到五颗橘子。这是旭凯老师在周末去好朋友的农场所带回来的战利品，全班同学拿到橘子之后都开心地哇哇大叫，还直说下次老师要带他们一起去摘橘子。

旭凯老师一边点头微笑说好，一边开始用投影机放映一段影片让同学们欣赏。一看到标题上面写的是大胃女王，配上刚才让人垂涎欲滴的橘子，主题都跟“吃”有关，所有人的眼睛立刻盯着投影幕认真地看了起来。

边际的影响

剧情其实非常简单，就是两个平凡的男生，坐在一家餐厅吃着大颗的煎饺，然后他们看着三位身材曼妙的女孩，从紧邻的隔壁桌入座，准备开始点餐。这时候两位男生还贴心地提醒三位姑娘，这家餐厅的煎饺非常大，一份有6颗，他们两个大男人每人吃了两份12颗就已经饱了，建议她们每个人点一份就好。

接着，就看到这三位大胃女王开始表演了。

三位苗条纤细的女子，就这样一份接着一份，一共点了将近一百份，也就是600颗煎饺，换句话说，每一个人吃了将近200颗煎饺，也就是旁边这两个大男人的快20倍。而这两位男士原本还试图在女孩子大快朵颐的过程中，想要加点第三份展现一下自己的实力，但是没想到才吃了一两颗，就完全吃不下而尴尬地放弃。

最后节目组看到这两位大男人惊吓的目光，才出来告诉他们这是一场实境秀，目的是想看看旁边客人的反应，最后所有人在欢笑的气氛中，开始交流这一段不可思议的吃播过程。

影片播放完毕之后，旭凯老师没有给出任何的评论，只轻松地问大家："说说看在刚才的影片当中，你们看到了什么？"

"这三个女生好会吃啊！"

"男生都吃不过这三个女生。"

"对啊！男生可不要小看女生的能力。"

"怎么这么瘦的女生还可以吃这么多？"

"最重要的是，这些女孩吃这么多，脸上还是非常开心。"

"是啊！女孩们吃到快200颗的时候，看起来还都是非常快乐的。"

"这两个男生就真的不行了，吃完10颗之后，即使再多吞下1颗，都感觉非常痛苦。"

"那个煎饺看起来很好吃，可是我最多只能吃七八颗。"

"我大概只能吃个5颗，再多我就吃不下了。"

一说起吃东西的话题，气氛总是非常热烈。听完大家的分享之后，旭凯老师继续说：“看着影片中的煎饺，就像你们手中拿着的橘子一样，如果老师要你们吃第一颗的话，大家应该都会蛮开心的吧？”

全班同学听完旭凯老师询问，几乎都频频地点头。

“这就代表第一颗橘子对大家的‘效用’是非常不错的。那如果老师问大家是否还想吃第二颗橘子呢？想吃的人请举手。”旭凯老师说完之后，除了少数几个人，大部分学生都举起了手。

“那吃第三颗橘子呢？”

“吃第四颗橘子呢？”

“吃第五颗橘子呢？”

旭凯老师每问一次，举手的学生就越来越少，等到问第八颗的时候，已经没有人举手了，然而这个时候，阿福举手接着说：“报告老师，我不是要吃第九颗橘子喔！我只是要告诉您，您再让我们吃下去，我就要吐出来了。”阿福一说完，本来安静的教室立刻被一片笑声淹没。

旭凯老师笑着示意阿福坐下，并对大家说：“阿福说的没错，如果再让大家多吃一颗，这颗橘子对你们而言，就不是开心的食物，而是会让你们痛苦地想吐出来的食物。所以，第一颗橘子让大家都很快乐，但是每多增加一颗橘子，它所产生的效用和给大家带来的感受都不太一样，对吗？”

全班听完之后，又是无一例外地猛点头。

老师继续说："每多增加一颗橘子，或者每多增加一颗煎饺，或者每多增加任何一个东西，我们叫作'边际'。大家可以把它想成原来什么都没有，就是'无边无际'，现在开始每增加一个，就是'有边有际'，所以大家可以理解成每增加一个东西，就是'边际'的概念。

"因此，每增加一个东西所形成的影响，就是这个东西的'边际影响'。像刚才每多吃一颗橘子对大家的效应，就可以说是'边际效应'。

"老师再问问大家，刚才第一颗橘子的边际效应对大家比较大？还是第十颗橘子的边际效应比较大？"旭凯老师继续用橘子的例子引导同学们。

"当然是第一颗啊！"

"第一颗的边际效应特别大。"

"接下来的边际效应应该越来越小。"

"第十颗？对我来说，第五颗橘子的边际效应就已经是负的了。"

"我大概是第三颗橘子就差不多了，再吃第四颗可能就吃不下了，边际效应就是负的了。"

边际＆边际影响

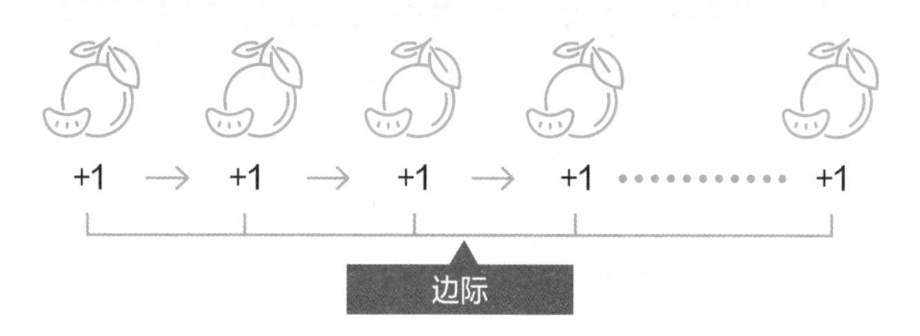

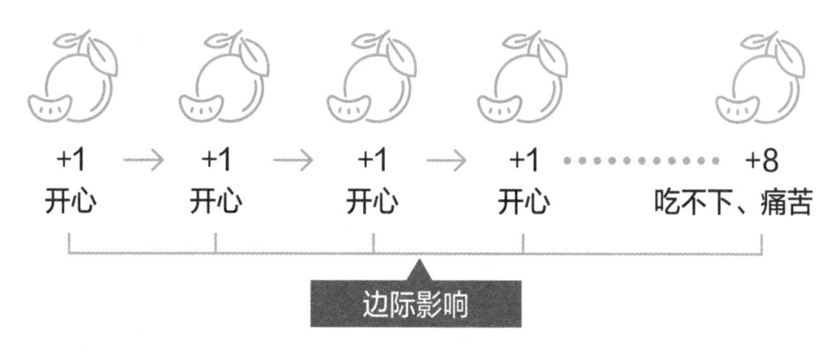

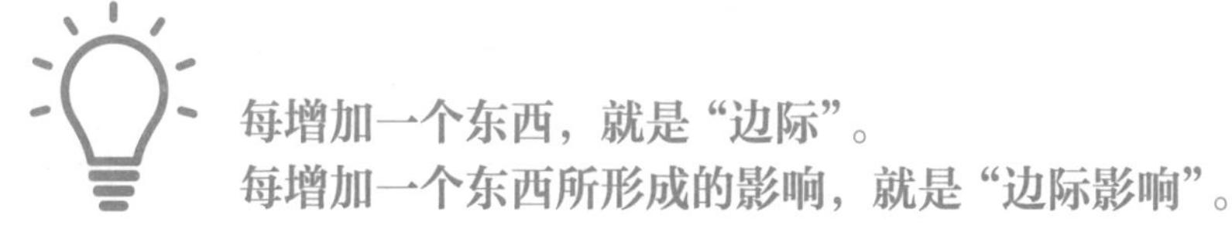

听完大家的分享，旭凯老师接着说：“看起来大家对于‘边际’和‘边际效应’的概念都比较清楚了。那么老师请大家再想想看，除了东西每多吃一个叫作‘边际’，然后每吃完一个的效应叫作‘边际效应’之外，还有没有其他事情可以用边际效应的

概念来分享的？”

数量&边际效应

“有啊！每当我们全家出去旅游的时候，第一天通常都是最开心的，那个效用简直高得爆棚。但是等到一天天过去之后，虽然还是很开心，但也会越来越累，反而到最后一天要回家的时候，那个想要休息的感觉比玩耍的兴奋程度还要高。所以我觉得，就算是旅行，每一天快乐的程度，也就是每一天的边际效应是越来越小的。”俊杰认真地分享。

“我和朋友打电动玩具也有这种感觉，虽然每次开始打的时候都非常开心，但是打了几个小时之后，也会非常地疲惫。如果这个时候能够换个心情去打打球，或者是去吃碗刨冰，反而是更开心的。因此，就连打电动玩具，每一个小时的边际效应也都不一样，在我看来，边际效应也是越来越小。”棋纬也说出自己的心声。

“很多人学钢琴或者学小提琴都是被爸爸妈妈逼的，但是我学笛子却是自己要求的。因为我第一次听到笛子声音的时候就喜欢上它了，所以每一天我都会花很多时间练习。其实每一次练习的时候，可能也跟别人玩电动玩具兴奋的程度差不多。

“不过就算是很喜欢笛子，长时间练习我也会累。所以如果我一天练习四五个小时，通常第一个小时的效果最好，但是随着时间的流逝，虽然还是很开心，但感觉每一个小时的练习效果和开心的边际效应也会慢慢地减小。”欣玲以轻柔的声音一字一句地道来。

“我觉得考试也是耶！我之前从不及格的40分、50分，考到及格的60分，虽然也累，但是比较容易。后来从60分到70分，甚至从70分到80分，整个进步的过程简直是要我老命。所以考试每进步1分，痛苦的指数越高，换句话说，越往高分爬，每进步1分让我能够快乐的边际效应实在是越来越低。”听完俊彦的分享之后，大家也都点头如捣蒜。

“跑步和运动也是啊！每次我和爸爸慢跑的时候，刚开始都很开心，因为他一开始都说好今天只跑5公里，但是后来常常会随便增加距离。我感觉只要跑超过5公里，我每1公里的快乐程度都会大幅下降，只要超过8公里，我就生不如死，只想改为散步。所以说就算是跑步，每增加1公里，对我的边际效应也是越来越小的。”德恩有点无奈地抱怨。

“很多人觉得钱越多越好，可是我奶奶说，她这一辈子赚的钱已经非常多了，所以现在每增加一元，对她而言，几乎没有什么太大的意义。她最喜欢做的事情，除了花时间帮助别人之外，反而是把钱捐出去做公益。我相信对我奶奶来说，现在赚钱的边际效应是低的，看别人快乐的边际效应反而是高的。”舒然说完之后，大家都对她和奶奶的心态投来羡慕的眼神。

旭凯老师对这样的分享也非常肯定地点头称许，接着说：

“虽然我们知道‘稀缺’会引起大家的竞争，但是通过今天的分享，我们也知道，东西并不见得越多越好。几乎所有事物多了之后，都有可能会让我们的满足感下降，甚至到最后会产生避之唯恐不及的心理，这个就叫作‘边际效应递减’。”

大家听完之后深有感触，频频点头。

如何让生意成交？

“最后老师再问大家一个问题：如果你今天非常渴，一直都找不到水喝，这时候有一个人拿了一小瓶矿泉水要卖给你，你会愿意出多少钱来买这瓶平常售价为4元的矿泉水？”旭凯老师问大家。

“平常一瓶都只有4元？”

“20元吧！不喝就渴死了啊！”

“100元。”

“40元。”

“如果没有其他水的话，多少钱我应该都会买吧！”

旭凯老师又问：“看起来大家出的价钱，都超过4元。那么如果拥有这瓶水的人仍然以4元的价格卖给大家，你们一定会非常高兴地把它买下来对不对？”所有同学都毫不怀疑地点着头。

“如果他要继续卖给你每一瓶4元的水，但是要你当场把它喝完，你觉得你会买几瓶来喝？”老师进一步问。

“一瓶就够了吧！”

“当场喝完的话，最多两瓶吧！”

“我也是差不多两瓶。”

“如果超过两瓶的话，我就会吐了。”

价格为衡量边际效应的工具

旭凯老师点点头说：“听完大家的分享之后，有没有发现大部分人都是在喝完两瓶之后就不愿意再买了？换句话说，每瓶4元的水，它的边际效应超过两瓶之后，可能就变成负的了。所以‘价格’也可以当作是衡量边际效应的一个工具。当边际效应大于商品价格的时候，我们就会继续购买。”

“回想一下刚开始的大胃王影片，那两个男生在吃了几颗煎饺之前，他们的边际效应大于煎饺的价格？”旭凯老师问。

“12颗。”

“他们吃了两份煎饺就饱了，一份煎饺6颗，所以两份煎饺是12颗。”

旭凯老师又问：“那么那些大胃王女孩儿呢？她们吃了几颗煎饺之后，边际效应才开始小于煎饺的价格？”

“200颗。”

“差不多是200颗。”

“现在想起来，200颗还是很夸张。”

“所以商家在做生意的时候，如果想让生意成交，一定要让消费者的边际效应大于商品价格，这样才能够把东西卖出去。”旭凯老师简单做着小结，并在下课之前把今天这节课的结论写在黑板上：

1.“边际”是经济商业现象的一个概念，也就是产品或服务，每多一个所带来的影响。

2.“边际效应”是每多一个商品和服务，带给我们的好处或者是效益。通常随着商品或服务的数量增加，边际效应会越来越小，也就是“边际效应递减”。

3.价格的确定和边际效应有密切的关系。如果价格低于我们的边际效应，我们就有意愿购买；如果价格高过我们的边际效应，我们就不会购买。

思考时间

1. 再举出2~3个日常生活中的例子，看看商品或服务的数量增加的时候，边际效应会呈现增大还是减小的趋势？

2. 有时候一场演唱会的票价是600元，但是有人花了1200元买了黄牛票，甚至还有用更高的价格购买的。能不能用边际效应的概念来解释这种情况？

下篇

洞察
正确财务思维

13

■ 锚定：你以为的未必为真

比较之后，判断会更客观吗？

学习重点

1. 人并不总是理性的，易被先入为主的概念所误导
2. 比较，会影响情绪以及理性的判断
3. 销售方式，主要针对人们的不理性

上课铃声刚刚响起，旭凯老师就请班长把投影机和投影幕都准备妥当。等同学们陆陆续续坐定之后，布幕上出现了一款最近刚发布的新型手机，然后旭凯老师问大家：“你们知道这款手机大概多少钱吗？”

“6000多元吧？”

“好像是8000多元。”

“它有各种不同的规格，最贵的好像要1万多元。”

旭凯老师发现，现在的学生对手机流行趋势和价格具有非常高的敏锐度。这个时候，旭凯老师又按了一下投影笔，然后在布幕上面出现了7380元的字样，旁边还介绍了这款手机的相关配置。

“老师该不会是想要换手机了吧？”

“还是开始做副业，要卖我们手机了？”

“才不是呢！老师是想要把手机当成奖品，送给我们这次考试第一名的人。”

“哈哈哈，那就太好了啊！”

“那我这次可要拼了老命用功了。”

同学们开心地胡说八道，旭凯老师也不急着阻止，让他们笑闹一会儿。

锚定效应

等大家稍微安静之后，旭凯老师问大家："如果你们进了一家手机店，看到这部手机标价7380元，你对此非常喜欢，正决定要买下来的时候，和你一起去看手机的同学突然告诉你，在隔壁一条街，走路不到5分钟，另外一家手机店里，同样配置的这款手机，价格是7360元，也就是便宜了20元。那么这个时候，还是会决定在这家店买这部手机的同学，请举手！"

旭凯老师说完之后，除了少数几个同学之外，几乎大部分的同学都举了手，代表这些同学还是会在这家店，买这部贵了20元的手机。

然后旭凯老师接着问大家："举手的同学们，你们能不能分享一下，为什么还是会选择在比较贵的这家商店买手机？"

"价钱没有差多少啊！"

"才差了20元。"

"对啊！只不过差了20元。"

"为了20元，还要换另外一家店，好麻烦喔！"

"手机这么贵，20元真的没有差多少啦！"

听完同学们分享之后，旭凯老师也没有多说什么，就把投影片换到下一张，布幕上出现的是一个透明手机壳，而在手机壳的下面，是它的售价："40元"。

这时候旭凯老师问大家："如果你到一家店里面，看到一个像投影幕上的手机壳，售价40元，而且你非常喜欢它，正当你想要购买的时候，和你同行的同学好友，也拉着你并表示，就在另外一条街，同样的手机壳只要20元，那么这个时候，会离开这家店，走到另外一条街去买便宜了20元的手机壳的同学，请举手。"

这时候，全班同学都举起了手。

旭凯老师环顾了一下之后问道："为什么你们要换另外一家店去买手机壳呢？"

"比较便宜啊！"

"省了一半的价钱啊！"

"走一下就可以省20元耶！"

"对啊！可以省20元啊！"

"是啊！省20元耶！"

同学们自己说完之后，都开始觉得怪怪的，然后望向旭凯老师，发现老师面带诡异的笑容看着他们。

接着旭凯老师就慢条斯理地对同学们说："刚才不是很多同学说20元没有很多吗？现在怎么突然感觉20元好像变成了很重要的大钱？同样的20元，为什么会得出这么不一样的结论？"

听完老师的问题之后，同学们有的傻笑，有的交头接耳，讨论着为什么同样是20元，却在短短时间之内会有完全不同的感受，还有完全不同的答案。

“好像是因为买的东西不同，所以会有不同的感受。”

“应该是买的价格不同，就会有不同的感受吧！”

“对，应该是价格的原因。”

“原来手机是7380元，所以便宜20元，就感觉好像没有便宜多少。而手机壳一共才40元，便宜个20元，就感觉便宜一半，所以突然觉得20元变大了。”

“真的耶！是跟原来要买的东西的价格相比较的结果。”

“不可思议呀！明明都是20元，却有完全不同的感受。”

同学们似乎在彼此的讨论之间，找到了最重要的原因。

旭凯老师接着说：“这就叫作‘锚定效应’，‘锚’是当船舶停下来的时候，从船上丢下去的一个金属重物，目的是固定船舶，让船不会随便漂走。所以‘锚定效应’就是希望给你一个先入为主的概念，像锚一样，然后其他进来的想法就会和这个概念互相去比较，换句话说，就会被这个先入为主的概念影响。”

同学们第一次听到这个名词，显得很好奇。

旭凯老师继续说：“就像前面的手机价格一样，一开始的7000多元就像一个锚一样，把你对价格的感受‘锚定’在这里，所以说要便宜20元的时候，你就自然而然地会去和这7000

元比较，这时候就感觉20元微不足道。同样的，如果比较的对象是手机壳的40元，那么这时候就会突然感觉20元非常具有分量了。”

同学们听完后，都有种豁然开朗的感觉，不停地点头称是。

从比较产生的感受

旭凯老师继续说：“通过这个例子会发现，其实我们在判断事情的时候，并不总是理性的，反而很容易受一些外在事物的干扰。尤其是‘比较’这件事情，非常可怕，就像明明是同样的20元，但是跟7000元，还有40元比较的时候，就会有完全不同的感受。老师想问问大家，在你们的生活中，有没有类似的案例，即同样一件事情，但是通过不同‘比较’之后会有完全不同的感受？”

旭凯老师刚说完，俊彦立刻举手分享：“哈哈哈，当然有啊！我和我哥哥的成绩就是活生生的案例。假设我和我哥都考80分，我老哥一定会被臭骂一顿，因为他是每次都考90分或100分的学霸；而我嘛，我爸妈可能就会高兴得跳起来，因为我平常的成绩，能够60分及格都要谢天谢地了，如果能够考到80分，他们大概会以为老天爷显灵了。”俊彦的分享让大家乐不可支。

比较，会影响我们的情绪和理性判断。

“我表哥去年高二暑假到美国参加篮球夏令营，他身高一米八二，再加上本身是篮球校队的队员，不管是身高还是球技，在他们学校都是一等一的。但是他从美国夏令营回来之后，竟然说在整个营队当中感觉非常挫败，不仅技巧不如人，最重要的关键，是他们的平均身高超过一米九，整个比较下来，他说自己好像是个侏儒。”一米七八的志豪已经是班上的小巨人了，听完他的分享之后，每一个人都惊呼声不断。

“我堂哥去年研究所毕业之后，找到一份非常不错的工作，在金融行业担任一家公司的储备干部，年薪有20万元之多。一开始我们听到的时候都觉得他好厉害，而他自己也觉得非常高兴。今年过年的时候，我们聚在一起聊天，他告诉我，他的高中同学在澳洲刚毕业的年薪就40多万元，而且澳洲还有很多建筑工人，或者是相关技师的年薪，都在40万元以上，实在是很不可思议。

“而且我堂哥说，本来他还很自满，在同学中他的收入算是非常不错的，但是和在澳洲的高中同学比起来，他突然发现人外有人、天外有天，所以千万不要只满足于现状，应该多看看外面的世界。”怡萱说完之后，也让班上所有的同学都醍醐灌顶、脑洞大开。

旭凯老师听完大家的分享之后，为所有发言的同学热烈鼓掌，代表他也非常认同他们的交流。

商家如何运用锚定效应?

旭凯老师对大家说：“如果没有任何的比较，我们的情绪可能不会有太大的波动。然而，经过比较之后，可能开心的会变成不开心的，不开心的会变成开心的；满意的会变成不满意的，不满意的会变成满意的；觉得多的会变成少的，少的都会变成多的；高的会变成矮的，矮的会变成高的；大的会变成小的，小的会变成大的。

“最重要的是，很多做生意的人会通过这样的方式，将本来很贵的东西，让你觉得很便宜，原来不想要的东西，变成很想要，那么你就有可能买下那些原本你并没有想要买的东西。”

同学们非常理解地边听边点着头。

“所以，要抗拒这些商家的诱惑，分辨什么是想要，什么是需要，避免乱花钱，其实是一件不简单的事情。同学们想想看，在你的日常生活中，有没有遇见做生意的人用这种‘锚定效应’吸引我们去买东西的案例？”老师再问。

“打折促销就是啊！本来卖20元，打五折之后就变成10元，和原来的20元比较，觉得很便宜就会买下来了。”

“第二杯半价也是啊！”

“买一送一也是。”

“周年庆我妈妈疯狂地采购，好像都是因为大打折。”

“我哥哥、姐姐在双十一的时候也是这样子。”

“还有很多卖衣服的商家，标价1760元，然后打一折卖176元，看起来实在是便宜得不像话，但是你都不知道，原来的标价是不是真的有1760元的价值？今天听了老师的课，我终于理解商家可能就是要让我们有‘锚定效应’的感觉，然后我们就会忍不住立刻购物。”少安说完之后，刚好下课铃声也响起，旭凯老师也按下投影片的最后一页，分享今天这节课的重要结论：

1.“锚定效应”让我们明白人不是理性的，很容易被先入为主的数字或概念所误导。

2.“比较”，会影响我们的情绪和理性的判断。

3. 很多“销售行为”是针对人们的不理性，让我们觉得特别便宜、很划算、不得不买，而进行了采购的行为。

思考时间

1. 针对“锚定效应”，除了文中所说的案例之外，想想看自己的生活中，还有哪些先入为主的概念会影响我们的判断？

2. 有关商家的销售行为，想想看自己有没有被“设计”的经验，让我们以为东西很便宜、很划算，结果不小心就花钱了？

14

禀赋：拥有最好损失厌恶

商家如何创造购物行为？

学习重点

1. 人们会高估拥有事物的价值
2. 失去的痛苦大于得到的快乐
3. 禀赋效应是销售重要的武器

旭凯老师一到教室就请班长发给每个人一张测验卷，所有同学一开始还惊呼："没有通知说今天要考试啊！"直到看了测验卷上的标题"心理小测验"，大家才放下心来。只是每个人心里都暗暗嘀咕着，不知道老师又要玩什么把戏。

另外，旭凯老师还在讲桌上摆了一堆包装好的小礼物，感觉像是福袋或是盲盒，然后告诉大家："同学们花3分钟把心理测验做完之后，就可以上讲台自己拿走一个小礼物。"大家听完之后都乐了，赶快把心理测验做完，纷纷上前去拿了一个小礼物。

才几分钟的时间，大家不仅把测验做完，把礼物领完，也把礼物全部都拆开欣赏完毕。大家将小礼物打开之后，发现礼物一共分成两种，一种是一小包巧克力糖，另一种是一小袋坚果零食。这两包礼物的价格看起来都是10元左右。

价值因拥有而提升

接着旭凯老师问大家："现在给你们一分钟的时间思考一下，如果你们想要自己手中的礼物，那么就把它留下。假设你们不想要自己的礼物，而是想要别人的礼物，那么就可以开始交换。"

说完之后，所有同学面面相觑，看看自己的礼物，又看看别人的礼物，一分钟很快过去了，只有几个人决定互相交换一下，大多数人仍拿着自己的礼物，没有想要交换的意思。

旭凯老师看到这样的结果，脸上挂着满满的笑容，并大声说："一分钟时间到。"然后又继续说："看来大部分人都舍不得放弃自己手中拿到的礼物，这有一个非常有名的理论，叫作'禀赋效应'。'禀赋'就是类似天赋的意思，说明一个人天生拥有的资质和才能，而在这里引申为我们所拥有的东西。

"'禀赋效应'意味着，在我们拥有一个东西之后，我们会从心里珍惜它，甚至会高估这些事物的价值。就像你们拿到了巧克力或者是小坚果一样，虽然这两个东西的价格可能是类似的，但在你们拿到的那一刹那，它们的'价值'就通过你们的'拥有'而提升了。"

同学们听完之后，好像有点后知后觉地明白老师的意思，但是又有点心有所感地点点头。

损失厌恶：失去东西的效应

旭凯老师继续说："另外还有非常有名的'禀赋效应'实验，在全世界各个地方都曾经做过，而且结果几乎是大同小异。

"这个实验把学生分成两组，一组给马克杯，他们就成为马克杯的卖方；另外一组给金钱货币，他们就成为马克杯的买方。

然后让双方去定马克杯的价格。大家猜猜看，是卖方定的价格高，还是买方定的价格高？”

旭凯老师一说完之后，几乎所有同学都是一致地回答：

“有马克杯的价格高。”

“手中有马克杯的价格高。”

“对，拥有马克杯的价格高。”

“卖方。”

“卖方的价格高。”

“卖马克杯的价格高。”

“没错。”旭凯老师斩钉截铁地回答，“而且这个实验每次得出的结果几乎都很类似，那就是拥有马克杯的卖方所定的价格

禀赋效应：赋予价值

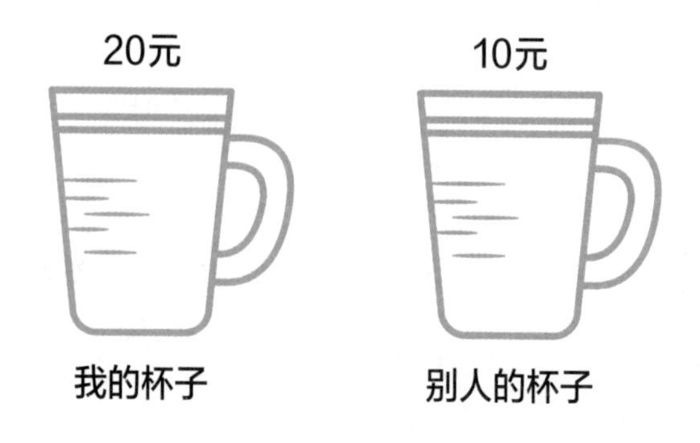

每个人对自己拥有的东西，都觉得有更高的价值。

几乎都是买方的两倍之多。例如卖方定出20元，那么买方大概的平均价格就是10元。”

旭凯老师看看台下的同学们继续说：“这个道理类似于老师刚才和你们玩的游戏，每一个人都会觉得自己拥有的东西有更高的价值，这就是‘禀赋效应’。

“像这种对自己拥有的事物会有很高的评价，也会造成另外一种很重要的感受，那就是‘损失厌恶’。这个其实非常容易理解，既然我们对于拥有的事物非常珍惜，那么当失去的时候，自然而然会感觉特别地痛苦。

“老师要请大家想想看，在生活当中，有没有哪些情况对于自己拥有的事情或者是物品，觉得特别有价值，不仅舍不得丢掉，甚至失去这些物品的时候，会觉得特别痛苦？”

旭凯老师刚说完，好多同学就迫不及待地想要举手抢答了，看来大家对这样的感受并不陌生。

“每次去爷爷、奶奶家的时候，会看到房间里面堆了一大堆东西，虽然都是一些日常用品，而且是破旧的、感觉快坏掉的工具，但是我爷爷、奶奶都舍不得丢。如果爸爸或姑姑想要把它们丢掉的话，爷爷、奶奶会非常生气，因为他们告诉我，这些东西跟着他们好长一段时间，非常有感情，也非常有价值，不可以随便乱丢。说实话，我真的看不出来它们有什么价值，但今天听完老师讲课之后，我终于明白他们珍惜这些东西的原因，这应该就是‘禀赋效应’的结果。”

“我老妈也是啊！她平常穿的鞋子就这么几双，但是在她的衣帽间里面，有将近200双鞋子。每次我问她为什么不把一些鞋子丢掉，或者送给别人，她都告诉我，她总有一天会穿的，而且这些都是当初她费了千辛万苦才买到的战利品，实在舍不得割爱。”

“哈哈哈，其实我自己也是这样子耶！就连躺在我床上的小被子，还有陪我睡觉的娃娃，明明都已经有点破破烂烂了，我还是把它们当宝贝一样，因为这些宝贝和我建立的感情实在太久远了，真的舍不得把它们丢掉，它们对我的价值应该说是无价的。”

“真的耶！我们家橱柜里面也有非常多的杯子、盘子，说实话，好多根本都没有用，也用不到，而且每次要拿这些杯盘的时候，都要小心避免它们掉下来，实在非常麻烦，我认为应该把它们慢慢清理丢掉或者送给别人。”

“我的书柜好像也是这个样子，好多以前的旧书，还有漫画，其实都已经不看了，但我还是把它们当宝贝一样地收着。”

“衣服也是一样的，我们家的衣柜里堆满了衣服，但实际上每个人穿的衣服，每天好像就那几件，其他的衣服，好像只是占着空间，一点用处都没有，看来这个也和‘禀赋效应’有关。自己拥有过的东西，就有价值，舍不得把它舍弃。”

看着同学们热烈地分享，旭凯老师也感受到大家对于“禀赋效应”确实有了一定程度的理解，然后他对大家说：“因为我们会赋予自己拥有过的东西更高的价值感，所以很多商家或是做生意的人，就会在贩卖商品的过程中，尽量加入让客人或者是消费者‘拥有’的感觉，这样我们就会不自主地提高这个商品在我们心目中的地位、价值，进而会产生想要把它买回去的冲动。这就是我们在花钱的过程中必须谨慎小心的另外一种‘禀赋效应’，它会使我们不自主地增加消费行为。

“就像瑞典居家品牌宜家（IKEA），常常会在商场摆出各种不同的家具组合风格，让你在现场坐坐看、用用看、试试看，于是你就产生了拥有的感觉。甚至是带回去的家具，并不是成品，而是要让你自己花一部分时间和工作来组装，这么一来，这个商品就更有属于你的感觉，就算他们让你有退货的权利，你也很容易因为舍不得而放弃这样的权利。这就是很多人把‘禀赋效应’称为‘宜家效应’的原因。”

好多同学都跟着父母亲去过宜家，听完老师的讲解之后，也都感同身受地纷纷点头，好像真的在整个消费过程中，不自觉地被这种“禀赋效应”或者是“宜家效应”影响了。

禀赋效应在商业上的运用

旭凯老师继续问："同学们也试着想想，在你们的生活中，有哪些商家也采用类似的方式，使人对商品产生'禀赋效应'的感觉，从而让我们不自觉地去采购，一不小心减少了财富？"

俊杰第一个举手发言："每次到风景区的时候，很多纪念品都会列出各种不同的星座、姓氏、英文名字，甚至是生日，而当我们看到的时候，就会去找跟自己相关的星座、姓氏、英文名字和生日，找到之后，我们就会自然而然和这个纪念品产生联结，不小心赋予了它价值，忽略了它的价格，忍不住剁手都要把它买回去了。"

"很多高档商品，或者是像Apple的笔记本电脑等等，会有在产品上面帮你定制镌刻名字的服务，通常听到这种服务，大家会觉得有一个专属自己的商品，接着就会忍不住想把它买回家了。"

"其实我觉得'免费鉴赏期'也是一件很可怕的事情，因为不管任何东西，把它买回家在身边放了一段时间之后，自然而然地就可能产生感情，除非是真的有很大的瑕疵或品质不良，要不然这种免费鉴赏期所造成的'禀赋效应'，就会让我们很自然地把这个商品留下来了。"

"我觉得去买衣服、鞋子、帽子或者包包的时候，'试穿、

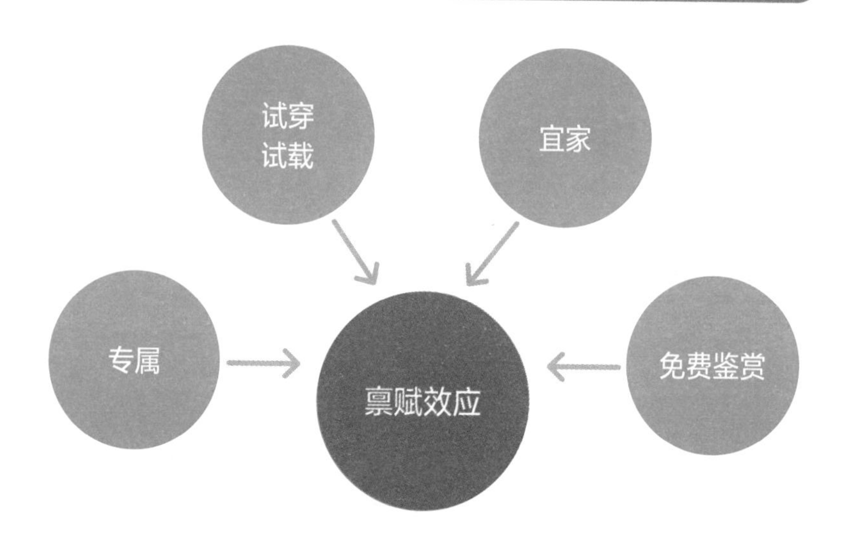

试戴、试拿’也是一件会吸引消费者购买的事情。因为一旦试过，觉得很搭，就会感觉这个东西应该属于你，一不小心就会忽略它的价格，而大幅提升它的价值，然后义无反顾地买回家。”

每个同学说完，似乎都心有戚戚焉，或微笑，或点头，或比赞，充分认同这个“禀赋效应”的威力。

就在大家热情地讨论之际，下课铃声响起，旭凯老师也在黑板上写下今天这节课的重要结论：

1. 人们很容易对自己所拥有的事物给予较高评价，这种现象称之为“禀赋效应”或“宜家效应”。

2. “禀赋效应”会让人舍不得放弃拥有的事物，不想有失去的痛苦，而这也是很多人会堆积旧物的原因。

3. 商家会通过销售方式，让消费者对商品或服务产生“拥有”或“专属”的感觉，进而提高心中认定的价值，而产生购买行为。因此，在人们想要省钱、累积财富的过程中，需要谨慎提醒自己。

思考时间

1. 看看自己的衣服、鞋子或物品，是否有超过一年以上没有穿过或者是用过?这些物品是否因为“禀赋效应”，占用了自己的空间?

2. 试着回想过去一段时间自己的采购行为，是否有商家利用“禀赋效应”，让我们对商品产生拥有和专属的感觉，以至于忍不住下手购买?

15

■ 沉没：放弃过去展望未来

我们该如何善用沉没成本？

学习重点

1. 不要在乎投入但无法回收的成本
2. 进行选择时把沉没成本忽略不计
3. 善用沉没成本概念创造累积财富

投影幕上是一张非常明显的舞台剧门票，但是上面写的是上个礼拜的演出时间。

旭凯老师对大家说："这是老师花了240元在上周末去看的一出舞台剧的门票，这出剧上下半场各一个半小时，加上中场休息的20分钟，总共将近三个半小时。

"现在老师请问大家，如果老师看了上半场就觉得不好看的话，你们如果是老师，在中场休息的时候，会选择继续看下半场的同学们请举手。"

沉没成本

这个时候，全班几乎大部分的同学都举手，选择继续留下来看下半场的演出。

接着旭凯老师又问："那如果老师告诉大家，我这张票事实上并没有花240元，而是别人免费送给我的话，这个时候看完上半场不感兴趣的剧情，还会想要看下半场的同学请举手。"

除了一两位同学之外，大部分同学都选择不看下半场。

"有没有人分享一下，为什么这两种不同的情况，你们会有这么大的选择差异？"旭凯老师问。

"老师，有没有花钱，差很多啊！"

"对啊！花了240元，没有看完很可惜呀！"

“是啊，240元耶！”

“可是那240元的门票，既然付出去了，也收不回来，就算你把下半场看完了，剧场也不会退你钱，那你在决定是否要看下半场的时候，为什么要考虑这已经付出去却又收不回来的240元门票呢？”旭凯老师说完之后，所有同学突然觉得好像有点道理，却又没有立刻回答，而陷入一阵沉默不语。

这时候投影幕上面又出现了一个很有名的排队名店的蛋糕，然后旭凯老师说：“那老师再换个问题，让你们思考看看，如果有一个人，免费送给你一个投影幕上排队名店的蛋糕，但是你觉得超级难吃，这时候你会拼了命把它吃下去吗？”

“当然不会啊！”

“难吃干嘛还要吃。”

“可以把它送给喜欢它的人啊！”

“对啊！可以送给别人吃。”

“难吃就不要吃。”

这时候，旭凯老师又继续问：“那如果这个蛋糕是你自己排队一个小时、花了240元买的，你发觉超级难吃，你会怎么做？”

同学们听完之后突然发现，这样的选择和前面舞台剧要不要继续看下半场的问题有非常相似之处。同学们先是短暂地思考，然后陆陆续续开始回答：

“应该是不要吃吧！”

“同样可以送给别人吃。”

“对啊！难吃的话，我也吃不下。”

“虽然花了排队时间，还花了大钱去买蛋糕，但是硬要把难吃的蛋糕吃下去，好像也蛮奇怪的。”

“对啊！感觉好像没有占到便宜，反而是让自己更痛苦。”

“嗯，而且已经花的排队时间，还有花的240元，也不会因为吃了蛋糕就赚回来啊！”

同学们似乎都感受到，这两个案例的选择与已经花的金钱和时间不应该有任何关系。

旭凯老师看着大家渐渐豁然开朗的神情，从容地开口对大家说：“大家说的没错，已经投入的资源，如果不能回收，不管是时间也好，或者是金钱也罢，原则上都不应该影响我们对未来的判断。

“因为过去的已经过去了，我们真正应该关心的，是我们希望未来应该怎么样。所以，今天要跟大家介绍一个非常重要的概念，叫作‘沉没成本’，也就是已经投入但是不能回收的成本。而这个成本，可以是‘时间成本’，可以是‘金钱成本’，也可以是其他各种不同资源的成本。”

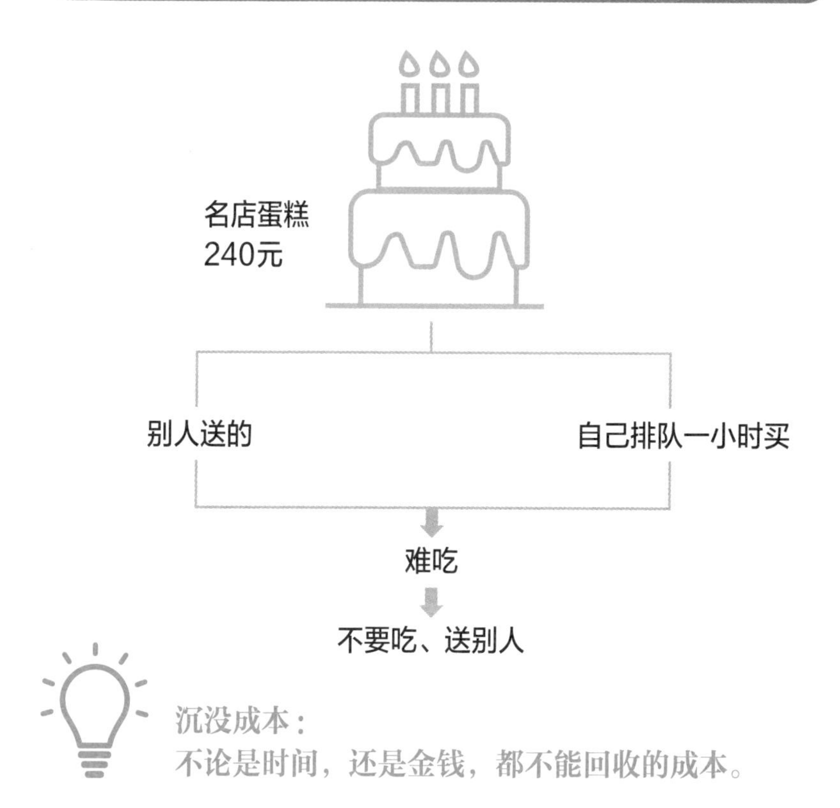

沉没成本：
不论是时间，还是金钱，都不能回收的成本。

忽略沉没成本，放眼未来

“通过前面的案例，老师想要再次跟大家强调的是，不管做任何选择，都不要受到沉没成本的影响，而应该关注未来的效益。

“如果就这个观念来说，同学们要不要试着举例，在你身边有哪些曾经发生过，我们应该避免受到过去投入但不能回收的沉没成本的影响，而应该放眼未来的？”旭凯老师问着台下的同学们。

同学们正在认真地思索着，没料到阿福竟然第一个举手抢着发言：“听完老师所说之后，我觉得还蛮简单的。就像每次我都会花钱去小吃店买各种新的零食，也常常会踩雷，买到难吃的东西，这个时候我都会毫不犹豫地把它丢掉，或是分给喜欢的同学吃。我绝对不会在乎已经花掉的那些小钱，因为这些已经花掉的钱都是沉没成本。老师，我这样说对吗？”没想到阿福轻松有趣的分享，竟然换来老师肯定的掌声，而所有同学也都跟着老师的鼓励而一起鼓起掌来。

“我爸爸喜欢带我去漫画出租店看漫画，最主要的原因是，每次看完漫画之后，老爸都会带我去吃我最爱吃的牛肉面。不过我也很喜欢在漫画出租店看漫画的感觉，只是有的时候一不小心会看到很难看的漫画，这个时候我不会因为已经看了半天的漫画，就决定继续看下去，而是会立刻再找其他的漫画来看。所以，已经花在难看的漫画的时间，其实就是我的沉没成本。”家欣说完之后，旭凯老师也竖起大拇指，给她一个大大的赞。

“我看韩剧也是一样耶！常常看了两三集觉得很难看之后，我就不看了，也不会因为花了两三集的时间就一定要把它看下去，因为剧要好看才重要。而前面看了两三集的时间，应该就是我的沉没成本。”莉雯说。

“我看动漫其实也是这样的，不管看了几集，只要觉得不好看了我就会换，从来不会因为投入的时间，或者说是沉没成本，而影响我继续追剧的选择。就像老师和前面同学说的，接下来好看才是最重要的。”欣怡也跟着补充。

“我要分享一个真实案例，也是我觉得比较可怕的事情，是跟诈骗相关的。我有个在银行工作的叔叔，之前跟我分享过，诈骗集团会利用沉没成本的观念，让人一不小心被骗很多钱。”棋纬一开口，就让所有同学聚精会神了起来。

棋纬接着说：“比如他会打电话告诉你，你中了什么样的奖项5万元，但是你必须要先付10%的税金5000元，才能领到这5万元，如果你不小心把5000元汇了过去，然后发现自己上当了，这个时候，诈骗集团就会告诉你，只要你再汇500元，他就会把5000元还给你。但事实上，我们只要认真想想，就会发现诈骗集团根本就不会把这5000元还给你，而且这5000元对你来说，早已经是沉没成本了。

“所以，如果你想清楚，假设没有之前汇出去的这5000元，当你知道对方是诈骗集团的时候，你还会再汇这500元吗？通过这个案例，我叔叔告诉我，如果已经被诈骗集团骗取了一些钱，最好的做法就是报警。千万不要尝试通过继续汇款来挽回前面被骗的沉没成本。”

这样一个详细的机会教育，不仅让所有同学听得目瞪口呆，也让旭凯老师禁不住带着大家给棋纬最热情的鼓励和掌声。

“真没有想到同学们都分享得如此好，尤其是棋纬分享他叔叔的案例，更是帮我们上了宝贵的一课。事实上，沉没成本在理财，还有工作职涯选择和财富积累上面，也扮演了非常丰富的角色。”旭凯老师除了称赞棋纬之外，接着又举了两个案例让同学们知道沉没成本的应用。

旭凯老师先放了一段影片，是在日常生活中买衣服的讨价还价。画面中有一位女孩在服饰店里面不断地试穿衣服，并且很真诚地表达对衣服的喜欢，而店员在陪着这个客户试穿的过程中，也花费了很多的时间和精力。

最后，这段影片中的女孩在决定买几件衣服时，要求打折扣，而这位店员也受到陪伴她试穿时所花费时间的影响，而决定给予这位女孩很优惠的折扣。事实上，这位女孩就是反其道而行，知道一般人都会受到沉没成本的影响，所以她通过这位店员陪伴她的试穿时间，创造店员沉没成本的感受，进而让这位店员觉得，花了这么多时间在这位客户身上，若不能成交，就会产生白费工夫的感觉，从而给了这位客户优惠的折扣。

第二个案例，旭凯老师直接放映了知名博主《老高和小茉》频道封面在同学面前。然后问大家：“很多人都知道，老高原来是一位软件工程师，年轻的时候就花了非常多的时间学习软件设计和程序编码。老师要请问大家的是，作为一个成功的博主，老高是否会懊悔他过去学了这么多软件相关知识，但是现在却非常可惜地用不到？所以，他是否应该再回去，好好做软件工程师的工作？”旭凯老师刚说完，大家就闹哄哄地笑翻了。

“怎么可能回去做工程师呢？”

“他这个职业可是赚大钱的耶！”

“过去的都已经过去啦！”

“过去学什么不重要。”

“是啊！那都是沉没成本了。”

“一切往前看。”

“哈哈哈，对！一切都要往钱看，向钱看！”

“过去的就让它过去，未来才是最重要的喔！”

顺着大家热烈的反馈讨论，旭凯老师放映出最后一张简报，也在下课铃声中，呈现今天课程的重要结论：

1. 不要在乎已经投入但无法回收的成本。这种成本叫作“沉没成本”。

2. 沉没成本，可能是“时间成本”，也可能是“金钱成本”，在做决策和选择的时候，要忽略它。

3. 善用沉没成本的概念，可以有智慧地帮我们进行商业谈判、职业选择，以及财富积累。

思考时间

1. 在学习和兴趣的培养上面，有没有发现自己喜欢的事物有所改变，但是却舍不得放弃的情况？通过这次的学习之后，会不会让你的观念有所不同？

2. 和家人分享文中诈骗以及服装店讨价还价的案例，试着和家人角色扮演，并体会一下不同角色对于沉没成本可能会有什么不同的心态。

16

■ 时间：支配人生完成梦想

时间越多越好吗？

学习重点

1. 时间才是最宝贵的财富
2. 时间不是每个人都一样
3. 时间久才更能累积资源

旭凯老师一派轻松地走入教室，手上还拿着他最喜欢的便利商超咖啡。他今天没有携带任何额外道具，甚至没有打开投影机和投影幕。只见他在讲台上站定之后，轻轻闭上眼睛，非常享受地深吸了一口气，然后说："有时候我们习以为常的东西，比如清新的空气，摸不到、看不到，却都是最宝贵的资源。而且有时候不到失去，都不了解它真正的价值。"

同学们听着老师这么说，好像也能够感同身受，因为不管是细悬浮微粒PM2.5，又或者是火力发电造成的空气污染，再加上长期疫情让大家口罩不离身，能够呼吸到新鲜空气，那都是极度疗愈、令人心旷神怡的事情。

生命的重要资源

旭凯老师环顾了教室里的所有同学之后，缓缓说："就像阳光、空气、水一样，对我们而言，都是非常重要的资源，只是平常因为容易取得，所以没有太在乎。但实际上，这些资源的重要性，远远大过我们在乎的程度。

"老师的很多朋友，常常问什么是财务管理，或者是理财管理？我总是告诉他们，金钱只是其中的一小部分内容而已，就老师自己来看，财务管理真正的内涵是'资源管理'。就像我们之前上课曾经说过的，在货币没有发明出来之前，大家都是用‘以物易物’的方式来满足自己的欲望。所以大家想要的从来都不是钱，而是利用钱来交换我们想要的东西。甚至有些东西，或者是资源，是用钱都买不到的。

“因此，老师想请问大家，你们觉得在生命中，有哪些是我们真正应该在乎的‘资源’，而这些资源，才是真正要认真去管理，认真规划好的东西？”

旭凯老师说完之后，喝了一口咖啡，就拿起了粉笔，看起来是准备把同学们分享的“资源”写在黑板上。

“就像老师刚才说的‘阳光、空气、水’吧！常听爸爸、妈妈说，他们小时候根本没有人买水喝，都是直接煮自来水，也没有空气污染和温室效应，所以阳光、空气、水这些我们视为理所当然的资源，其实真的非常重要，也和我们的生活息息相关。”

“对啊！我爸妈也说，空气如果再继续这样下去，说不定有一天都要拿钱买干净的空气了，就像饮用水也要用钱买一样。”

“我觉得‘金钱’还是很重要的资源，因为它可以让我们买很多东西，满足我们的食衣住行。”

“‘朋友’，也是非常重要的资源。因为如果没有朋友的话，我就不知道可以抄谁的作业了，而且没有人陪我玩，我一定会非常无聊。最重要的是，当我和我老妈闹别扭的时候，如果我离家出走，朋友可以收留我。”一听完阿福的胡说八道，全班笑得东倒西歪。

“‘家人’一定是很重要的资源，因为不管你碰到再怎么样难过的事情，或是快乐的经验，都会想要和家人一起分享，而且家人也会支持你。”

“我觉得‘健康’特别重要，尤其看到我外婆生病多年。她以前是非常有精神、有活力的一位女性，后来因为手术，不小心伤到脊椎，让她没有办法走路，只能坐在轮椅上面，结果这几年下来，我感觉外婆精神越来越不好，健康状况越来越差，饮食睡眠都受到影响，更不要讲以前她是很爱运动的人。所以健康真的是非常重要的资源，有了健康之后，才可以做自己想要做的事情。”建成说完之后，旭凯老师对他比了一个大大的赞。

“我觉得‘时间’是很重要的资源，因为如果没有时间的话，就代表我们不会活在这个世界上了，那么任何事情对我们来说，就都没有意义了。所以我爸爸妈妈常告诉我，做好时间管理，并不只是要好好用功读书、写作业而已，更关键的是人一生中的生命管理。如果能找到我们自己喜欢做而且又有意义的事情，那么所有的时间就很有价值。”少安说完之后，同学们突然对这个超龄的分享有一点点肃然起敬的感觉。

重要的生命资源

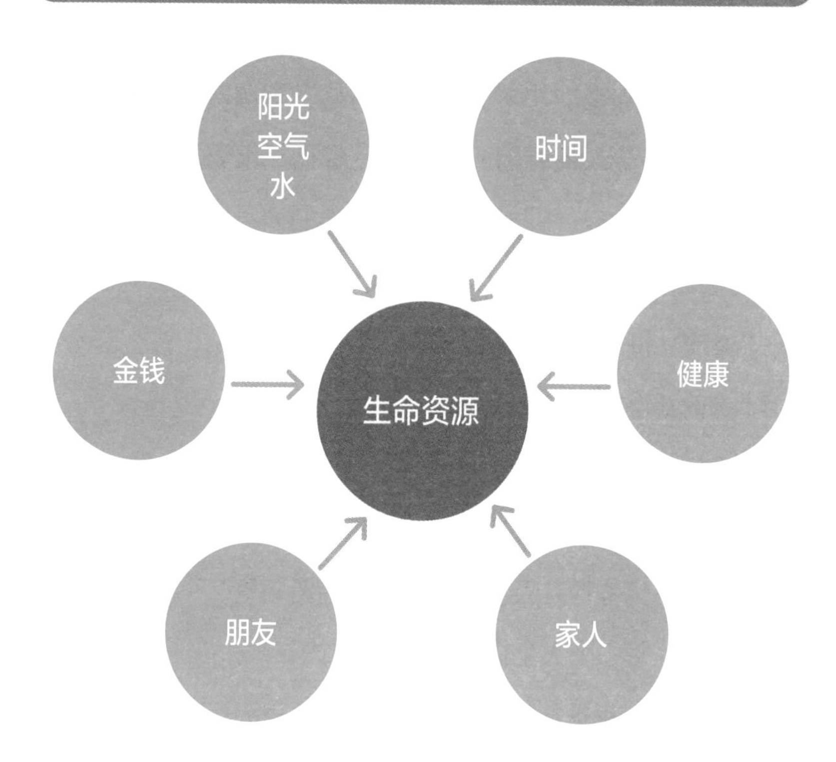

时间是重要的财富

旭凯老师听完之后接着说:“少安说的很有道理,‘时间’真的是非常重要的资源,也是我们非常重要的财富。因为只有当我们活着的时候,所有的一切我们才感受得到,才对我们产生了意义。

“老师今天想借着这个机会,聊聊‘时间’这个主题。首先想要问大家的是，时间这个单位大家都很清楚，1分钟等于60秒，1小时等于60分钟，一天一共24小时，所以有人说，每个人每一天拥有的时间都是24小时，因此时间这个资源对人来讲是非常公平的，每一个人拥有的时间都是一样的，大家也不需要在时间上面去你争我夺。针对这个说法，你们同意吗？或者有什么其他看法？”

“对啊！每一个人都有24小时，很公平。”

“我也觉得很公平，大家都一样。”

“不只每一天，就算是每一周、每个月、每一年，对所有人都是一样的，很公平。”

“不对啊！可是有人活得久，有人活得短啊！”

“也是，每一个人生命长短都不一样。”

“有道理，我爸爸的两个偶像，乔布斯才活了50多岁，而巴菲特到现在身体还很硬朗，都已经活了90多岁了。”

“不管公不公平，我们不应该看时间的单位，什么年、月、日、小时的，而应该看生命的长短。”

“没错！如果活得比较长，可以用的时间就比较多；如果活得短的话，那么可以用的时间就会比较少。”

“这样看起来，时间就跟存款一样耶！时间多，就代表现金多，那么可以拿来用的时间就多，也就可以有更多的钱买东西。”

“如果是这样，那么时间对每一个人来讲就不是一样的。我应该尽量让自己活得比较久一点，才可以有更多的时间，做更多的事情。”

“看来大家在讨论过程中，慢慢抓住了时间资源最核心的关键。”旭凯老师在大家讨论到一个阶段之后，紧接着说。

拥有时间的好处

“大家可能都听过一句话，叫作‘时间就是金钱’。如果真的是这样，那么时间不就应该越多越好吗？对于每个人来说，时间能够越多越好的话，那么生命就要比别人来得长，也就是要活得比较久，另外一个也很重要的关键就是，属于你自己的时间也要比较多。

“不然大家想想看，如果以前身在古埃及时代，我们是奴隶或是工人，每天的生活就是建造金字塔，完全没有属于自己的时间，这样的生命，再长又有什么意思？”

看着每位同学认真思考的表情，旭凯老师也努力把更多的概念转化为容易理解又能帮助大家的知识。

老师继续说：“所以，‘时间就是金钱’除了告诉我们要活得久一点之外，更重要的是，我们要怎么样增加自己可以支配的时间，拿来做自己喜欢做的事情，做自己想要做的事情，做对这个社会、这个世界有意义的事情，这样才不枉我们来人世间走一遭。至于怎么增加‘可以支配的时间’，同学们可以好好认真思考一下，老师也会在后面的课程告诉大家。

“但是，今天要先问大家的是，你们觉得拥有很多时间，对于我们有什么特别的好处，尤其是在增加或累积其他资源方面，有什么特别的好处？毕竟，如果我们都知道也确定拥有很多时间能够带来很多好处的话，再来讨论怎么增加可以支配的时间才会更加积极，对不对？”

听完老师的分享和问题，所有同学都点头表示同意。

第一个举手发言的是俊彦，他说：“如果我有很多可以支配的时间，那我就可以想干什么就干什么，想休息就休息，想运动就运动，想玩耍就玩耍，这样我就会让我的人生非常快乐。快乐，是我的人生目标，也是我最想要累积的资源。”没想到这一次俊彦没有搞笑，说完之后老师和全班同学都给他最热烈的掌声。

“我不只希望可以支配的时间很多，也希望我爸爸、妈妈可以支配的时间很多，这样他们就可以有更多的时间陪我，我也希望将来能有很多的时间陪我的孩子。因为像我哥哥、姐姐，去外地念书之后，其实家人相聚的时间就不多了。所以我觉得家人能够相聚的时间，是我最想要的资源。”

“我也希望有多一点时间，陪我妈妈在市场卖菜，这样她就可以早一点休息，不用每天工作到这么晚。”

“我也希望自己有多一点时间，陪我的爷爷，因为这几年他老得好快，我怕他没有太多时间，能够再让我常常见到他。”

“我是从南部来的转学生，我有好多从小就一起长大的朋友都在南部，如果我有多一点时间的话，就可以常常回去看他们。”

“别人学钢琴、小提琴可能都是被逼的，但是我自己非常喜欢吹笛子，每天回家只要吹笛子，不管吹多久，我都会很开心。所以我希望自己能有多一点的时间，让我的笛子演奏越来越厉害，这个应该也算是一种能力资源的累积吧？”

“除了学校功课之外，我非常喜欢宇宙天文相关的知识，如果能够给我更多的时间，我希望能够累积更多这方面相关的知识资源。”

旭凯老师听完同学们丰富的反馈之后，欣慰地接着说：“有句话说，‘时间花在哪里，成就就在哪里’。不要小看时间的力量，俗话说得好，‘聚沙成塔、积少成多’，就像从小长到大，也是时间一点一滴过去之后，才变成现在的我们。

“所以，时间是最根本的资源基础，好好把握时间，拉长自己人生的时间，增加自己可支配的时间，就有机会通过时间增加各种不同的资源，不管是知识也好、兴趣也好、亲情也好、友情也好，甚至是偷懒的开心快乐也好，这才是时间带给我们最大的价值和意义。”

旭凯老师一边说，一边在黑板上写下今天这节课的重要结论：

1. 时间是人生当中非常重要的资产和非常宝贵的财富。

2. 时间对于每个人都不一样，因为每一个人的生命长度都不同。所以对于时间的追求，除了让自己健康、活得久之外，更要增加可支配时间，用来累积自己想要的资源，实现自己的梦想。

3. 认真思考自己想要的资源和梦想，不管是知识、兴趣、亲情或友情，让时间真正为你所用。

思考时间

1. 你的时间，最常运用在什么地方？如果“时间花在哪里，成就就在哪里”，那么你认为你现在运用时间的方式，在未来最有可能的成就会是什么？

2. 想想看，你未来最想要的资源或梦想是什么？你希望什么时候能够实现这样的梦想，或累积这样的资源？那么你要怎样安排你的时间去完成呢？

17

■ 习惯：微小累积巨大成就

习惯，影响人生和能力

学习重点

1. 习惯会通过时间形成巨大影响
2. 习惯在开始的改变要越小越好
3. 习惯是个从适应到喜欢的过程

在上课铃响之后，同学们陆陆续续进入教室。大家除了看到旭凯老师微笑着和所有人打招呼之外，也注意到了投影幕上三张显眼的人物相片。他们并不是什么明星，只是穿着学校制服的三位学生，其中一位在走廊上走路，一位背着书包正准备进入学校上学，另外一位则在教室里面吃着午餐。

同学们虽然不明所以，但是也已经习惯了旭凯老师从来不按套路出牌的上课方式，而这也是所有同学最喜欢他的地方。

时间累积的习惯

旭凯老师看到所有人都坐定之后，指着投影幕上的三张学生相片，然后问大家："同学们，今天你们有谁是第一天走路？第一天上学？第一天吃饭？如果有的话，麻烦举个手让老师看一下。"

老师说完之后，所有同学都愣住了，因为大家都不知道老师怎么会问出这么奇怪的问题，然后听到很多同学嬉闹地回应着：

"老师，这是个游戏吗？"

"对啊！怎么可能是第一天？"

"我们都多大年纪了，走路、上学和吃饭，都忘记是怎么开始的啰！"

“第一天走路和吃饭，我不记得，但是第一天上学这么痛苦的事情，我可是记得一清二楚。”阿福说完，又把大家逗得哈哈大笑。

旭凯老师听完大家的发言之后，也开心地对着大家说：“我当然知道今天不是大家第一天开始走路、上学和吃饭，老师只是想提醒大家，正因为不是第一天做这些事情，所以你们现在才能够做得这么轻松，做得这么顺手。

“也许你们不记得第一天走路和第一天吃饭，甚至不一定记得第一天上学，但是总看过其他小孩或者学弟学妹们第一天走路、吃饭和上学的模样，你们能说说在你们心中那是什么样子吗？”

“哈哈哈，那是惨不忍睹吧！”

“对啊！我看我弟弟小时候第一次自己吃饭的时候，饭菜都掉得满地。”

“我表弟最近也刚在学走路，摇摇晃晃地一直跌倒，超级可爱的。”

“还可爱咧！你要不要也跌倒看看。”

“我记得第一天上小学的时候，我们班好多小朋友都哭得稀里哗啦的，但是我倒是蛮开心的。”

“什么事情第一次都是很不熟练的，但是做着做着才会越来越厉害嘛！”

“没错，就是做着做着，所有的事情才会越来越熟悉，越来越轻松。”旭凯老师接着大家的结论说。

然后旭凯老师继续说：“而且像走路、吃饭、上学这种几乎每天都会做的事情，你做着做着，甚至都不觉得是在进行什么特殊的事情，它就跟你的生活联结在一起，然后就这样一点一滴、不自觉的，越来越熟悉，你就做得越来越好。

“这个就是我们从小到大，一路成长下来，变成今天的我们的最重要的原因。而这个原因，源于一个很重要的行为，那就是‘习惯’。不管是什么‘习惯’，日积月累下来，一天接着一天，一年跟着一年，经过之前课程所说的‘时间’不断淬炼之后，就会变成今天的我们。

“这也是上一堂课我们说的，‘时间在哪里，成就就在哪里’，这个成就的养成，关键就是靠‘习惯’。那接下来，老师要问问大家，在你们成长过程中，有没有哪些习惯跟了你们很长的时间？”

“洗脸、刷牙、吃饭、睡觉，也都算吗？”俊彦一说完，全班哈哈大笑，旭凯老师也不以为意地点点头。

“我练钢琴已经10多年了，几乎每天都要练半个小时，也通过了10级考试，所以练琴已经是我每天的习惯了。”

“我也是耶！”

“其实我也是。”

班上很多同学都有学琴和每天练琴的习惯。

“我从小学三年级开始，就有写日记的习惯，每天写的东西不见得很多，一开始只是流水账，后来就会简单记录一下自己的心情和想法。”子恩说完之后，大家豁然开朗，难怪他的文笔和作文这么好。

“我开始慢跑已经三年多了，一开始只是每天早上陪着我爸爸慢跑一小段距离，后来渐渐地越来越喜欢跑步，现在大概每天早上起来都已经习惯要跑个5公里，才会觉得一整天的心情特别好。”健庭是班上的长跑健将，这个习惯在班上已经众所周知。

“我从幼儿园开始就喜欢听故事、看故事书，所以这么多年来，我几乎每天都会看一些我喜欢的故事书，渐渐地，这已经变成我每天睡前很自然的习惯了。”仁政自己拥有一个说故事的播客，也可以说是学以致用了。

“每个周末我们都会去找爷爷和奶奶一起吃饭，从我有记忆开始，全家都有这样的习惯。再加上我奶奶的厨艺非常好，所以每到星期五的时候，我和姐姐还有弟弟，就会特别期待周末去爷爷奶奶家。”

“一开始我们家是因为我妈妈身体健康的关系，医生建议她吃素，所以我们家的素菜或者是蔬食就会特别多。后来我们为了不让妈妈老是又做素食又做荤食，所以在家里就跟着妈妈一起吃素食。这么吃下来，已经有将近五年的时间，全家都已经养成吃素为主的习惯了。”

“我们全家都有存钱的习惯，从我小学一年级开始，只要我妈妈给我零用钱，她就会教我至少存下十分之一。这么多年下来，我的账户里面已累积了将近有2万元的存款了。”棋纬说完之后，全班一声惊呼，直言要棋纬这位小富翁请客。

听完同学们的分享之后，旭凯老师说：“看看身边的同学，很多看起来有着很不错的能力，不管是写作也好，跑步也罢，又或者是健康的饮食，以及胜过大家的财力，这些都不是一朝一夕突然发生的，而是以持续累积的习惯养成的。每一个习惯的开始，其实都是一次新的改变，然后做着做着，在持续不断地改变之下，我们就变得不一样了。

“老师再问问大家，你们觉得在一开始习惯养成的时候，改变很大比较好，还是小一点比较好？”

改变习惯的方式

“小一点比较好。”少安第一个回答。

“改变太多，会一下子不适应，所以小一点比较好。”

“我觉得一开始改变小一点比较好，压力才不会太大。”

“没错，改变小一点比较舒服，我爸爸一开始教我跑步的时候，其实是从500米开始的，那个时候我们是绕着操场跑。我跑了500米之后，我爸爸就叫我休息，然后我爸爸继续跑。所以，后来是我自己要继续跟着跑，在没有压力的情况之下，才慢慢越跑越长，进而养成习惯。”

“我一开始写日记的时候，也是每天写短短几句话，有时候甚至就是写一句‘我今天心情不好’，然后连着几天都是这么一句。等到后来回头看的时候，虽然我只写了那么一句，但是看着日期，真的让我回想起来，可能是考不好被老妈骂了，又或者是学校打球比赛输了，还是有很多回忆一下子涌进脑中。就这样慢慢少少地、一点一滴地，养成了我写日记的习惯。”

“我们家吃素也是这样的，一开始还是有全荤的菜，后来偶尔有些菜、加肉丝，最后才是都吃全素。现在回想起来，我们吃素的习惯也是慢慢养成的。”

“真的耶！我一开始每个礼拜录一次播客，每次花3分钟讲故事，后来每周越讲越多次，时间也越来越长。现在我一个礼拜可以录三次，每次都可以讲到30分钟。”

“我妈妈一开始要我每次拿到钱的时候先存十分之一，我觉得还好，如果叫我存一半，那我可能就会觉得很痛苦了，毕竟小时候还是很想花钱买东西的。但是可以花90%，只存10%，就不会很痛苦，慢慢地我好像感受到存钱的快乐，后来越存越多，很多时候，反而是只花10%，把90%都存起来。”

棋纬讲完之后，大家都明显感觉到，要养成一个习惯，真的要从数量少一点、改变小一点开始，这样才能够做得比较久，走得比较远。

旭凯老师看着大家这么热情地分享，以及同学们肯定的表情，接着反馈："任何新的改变，都会产生或多或少不舒服的感觉，就算是学走路、学吃饭，虽然也许我们不记得了，但是看看其他小孩子学习的过程，我们就知道这些都是慢慢适应、渐渐养成的过程。

“等到时间一点一滴过去之后，就会从不习惯变成习惯。老师想问问刚才分享的同学，在你习惯了之后，是否还有不舒服的感觉呢？还是如果不做已经习惯的事，就会觉得不舒服？”

“我如果不能每天吃饭，肯定会不舒服。”阿福不等老师说完，就第一个开始胡说八道，引得大家哈哈大笑。

然后棋纬接着说："一开始是做了不舒服，等到真的习惯之后，就是不做不舒服了。像我现在拿到钱之后，不管是零用钱、打工的钱，或者是过年红包，一定会立刻找时间把它存在银行里面，然后开心地看着我的账户余额不断增加。”

“我也是，现在如果早上不跑步的话，就会觉得一整天浑身都不舒服。”

“真的是这样耶！我几乎随时随地看到任何事物，都会想着怎么样把它变成录播客的故事。”

“如果没有写日记就躺上床的话，我一闭上眼睛，就会感觉文字在脑袋里面浮现，接着一定要写日记，才会睡得着。”

今天的课程格外轻松，看起来简单的“习惯”两个字，却让很多同学理解，原来身边这么厉害的高手们，是如何一点一滴通过习惯的养成，才变成今天的模样。看着他们每一个人养成习惯都经历了从不适应到喜欢的过程，就知道成功绝对不是偶然的。

习惯的养成与改变

小改变　从不适应　时间　到适应　大改变

习惯的养成，
一开始越小越好，不会有压力才能持续更久。

大家还在开心聊着，下课铃声却响了，旭凯老师也把今天这节课的结论很认真地写在黑板上：

1. 习惯的养成会通过时间，一点一滴塑造成今天的我们，也对我们的人生和能力形成巨大影响。

2. 习惯的养成和改变，在一开始的时候尽量越小越好，才不会有太大压力，才能够持续很久，最后从不习惯变成习惯。

3. 习惯的形成，是从适应到喜欢的过程。一旦喜欢，它就会变成我们生活的一部分。这也是为什么养成好的习惯是所有成功人士必备的条件。

思考时间

1. 你有什么想要养成的好习惯，或者想要改掉的坏习惯吗？

2. 通过这次的课程，你要从什么小的改变开始做起，养成你想要的好习惯，或者改掉你不想要的坏习惯？

18

■ 健康：优质身体财富打底

如何让我们活得好？

学习重点

1. 健康是人生当中最基础的财富
2. 损害健康的小习惯容易被忽略
3. 财富来自于强化健康的好习惯

转眼之间，就来到了这学期的最后一堂课。上课铃声尚未响起，旭凯老师就请班上同学去自己办公室搬来了两个大大的饮料桶，然后请同学们用自己带来的环保杯盛装。

这两个桶上，一个简简单单地写着“红茶”，另外一个写着“养生茶”，养生茶旁边的括号里还写了红枣、黄芪和枸杞。最重要的是，老师请大家喝完之后，感觉一下里面有没有加糖，而且好不好喝，几乎每个人都说应该加过糖，而且好喝程度不亚于手摇饮。

但是旭凯老师告诉大家，这些都是自然甜，全都是红茶和养生药材自己带的甜味，这个结果让大家瞠目结舌。这两桶好喝的健康养生茶都是旭凯老师自己熬煮的，他还跑到杂货店，买了很多坚果，在家自己烘焙之后，带来给大家享用，因为旭凯老师告诉大家，自己烘焙的坚果比较健康，不会加一些其他的调味料。

什么是好的生活质量?

旭凯老师看着大家喝着健康的茶，享受着健康的坚果零食，也从同学们的笑容当中感受到大伙儿吃得很开心，他满意地看着这一切，然后温柔地说：“今天是这学期的最后一堂课了，我们要讨论一个在人生道路上被视为最大财富的主题。而这个财富，平常我们都不太会注意，甚至会让它一点一点地流失，直到有一天不小心失去之后，才知道没有好好把握。大家知道这个最重要的财富到底是什么吗？”

“是健康！”

“健康。”

“是健——康。”

同学们的回答如此一致，其实也不意外，因为在上个礼拜的时候，旭凯老师就已经预告今天要和大家讨论有关健康的话题，甚至还要大家思考三个问题：

1. 不健康或生病，可能会带来什么样的痛苦和麻烦？

2. 在日常生活中，自己有哪些不健康的行为？

3. 怎样才可以让自己远离病痛，拥有健康的财富？

这也是为什么，今天在一上课的时候，旭凯老师就以身作则，用自己提供的健康饮料和健康零食作为招待同学们的茶点。

接着旭凯老师说：“我们之前曾经和同学们分享过，‘时间’是很重要的人生财富，因为如果有一天我们没有了时间，走到了人生的尽头，那么就算拥有再多金钱，也都没有意义了，所以说时间很重要。不过在这里，老师想和大家分享的是，‘时间’属于人生‘量’的财富，也就是说，时间的数量要越多越好，简单的定义就是‘活得久’。

“然而，‘健康’属于人生‘质’的财富，也就是除了活得久之外，还要‘活得好’。”老师说完之后，同学们都认同地点头。

然后，旭凯老师问大家：“在你们的成长过程中，不管是自己也好，又或者是家人、朋友也罢，有没有因为病痛而让日子‘活不好’的案例？”

由于大家都有所准备，因此每个同学都非常踊跃地分享自己的案例。

“光一个牙痛就让我生不如死了，今年过年的时候我有一颗蛀牙，突然好痛，再加上因为过年，常常帮我看诊的牙医出去玩了，所以我没办法立刻看医生。那几天过得非常不好，一堆我喜欢吃的东西都不能吃，真的非常痛苦。”最爱吃东西又胖乎乎的世雄，一开口就把大家逗乐了。

“我外公本来是一个身体很硬朗的人，每天都会去爬山运动。但是四五年前有一天他突然中风了，差一点有生命危险，还好医生把他救回来了。但是这几年来，他的行动和日常生活受到很大影响。感觉他的笑容也都变得很少很少了。”听到欣怡说起最亲爱的外公，大家也都可以感受到他淡淡的哀伤。

“我和世雄一样非常喜欢吃东西。大家都知道，我上个月不知道是吃坏肚子还是被传染的，得了很严重的急性肠胃炎，将近一个多礼拜的时间，只能吃一些很清淡的东西，真的是超级痛苦的。在那段时间，只能偶尔看一下吃播影片，疗愈一下我渴望食物的心情。”瘦瘦苗条的玮玮，就像大胃女王一样，身材和食量不成比例，听她说完之后，全班都沉浸在笑声和掌声中。

“其实，近视也是一种疾病。上个周末我和妈妈回乡下外婆家，当我和表哥、表弟一起打球的时候，一不小心我的眼镜被撞破了，没有办法继续玩下去。后来看到我表哥、表弟们因为没有近视，能轻松玩球的感觉，让我突然很羡慕。早知道我就听我老妈的话，不要总是看手机这么久，尤其是在半夜偷偷看手机，更伤眼睛。”俊杰有感而发地说着。

“健康真的是一种最重要的财富。就像我叔叔是一个非常成功的企业家，说实话，如果就金钱来说，他是完全不缺钱的。前年的时候，他身体长了肿瘤，还好是良性的，后来经过手术复原也很良好。在他住院的时候，我去探望他，他告诉我，不管人再怎么有钱，如果失去健康的话，你也没有办法花这些钱。最重要的是，不仅没有办法花钱，连最简单的出去走走，欣赏美丽的风景，和朋友聊聊天，这种单纯的享受，都没有办法获得。”

听完同学们的发言之后，旭凯老师很欣慰地说：“听到大家的分享，我可以感受到你们在认真地观察，不管是自己，或者是家人、朋友失去健康的痛苦。毕竟健康是看不见、摸不着的，我们更要谨慎，避免让我们的健康走下坡路。一旦失去健康，想要再恢复，有的时候要花费更多精力。像眼睛一旦近视，你就很难再恢复，这是更痛苦的事情。所以老师要大家再想看看，在我们的日常生活中，有哪些行为或是习惯会损害我们的健康？”

在让同学们发言之前，老师又再补充说明："刚才老师讲'习惯'两个字，你们就知道，很多病痛或者不健康都是坏习惯一点一滴慢慢积累的结果。所以，大家也可以认真思考一下，你们自己觉得有哪些不好的习惯，经过一段时间之后，会逐渐侵蚀或破坏我们的健康？”

影响健康的行为

这种破坏健康的事情，年轻人做得可多了，简直信手拈来，所以同学们也当仁不让地热情分享。

“半夜躲在被窝里看手机，会伤我们的眼睛。”

“戴着耳机，把音量开得非常大，会破坏我们的听力。”

“一直吃炸鸡排，或者其他油炸的食物，会对心血管不好。”

“不喝水只喝手摇饮，会让自己越来越胖，就像我一样。”世雄最后一句说完之后，全班又是开怀大笑。

“熬夜打电动，拼命不睡觉，对自己的健康也不好。”

“我妈叫我们姐妹尽量不要喝冰冷的饮料，就算喝冰开水不喝甜饮，对身体也不是很好。尤其是对女生的生理期，会有很大的不良影响。”

“我妈说喝冰的饮料对男生也不好，因为其实冰冷的饮食都很伤胃，像我就是喜欢喝温开水，我弟弟喜欢喝冰水，所以他常常说肚子痛或者拉肚子。”

“我舅舅是牙医，他告诉我们，除了每天早晚刷牙之外，最好也尽量用牙线，这样才能够把牙缝之间的残渣清干净。虽然很多人说牙痛不是病，但是如果真的痛起来，就像我妈妈说的，真的会要人命。所以每天花一点点的时间，保持自己口腔和牙齿的健康还蛮重要的。”莉雯用温柔婉约的声音说完之后，曾经受过牙痛困扰的同学们都频频点头表示赞成。

旭凯老师接着莉雯的话说：“除了影响健康的不良行为和习惯之外，刚才同学们也特别分享了一些可以让我们更健康的行为和习惯。比如说每天除了刷牙之外，还要用牙线细心清理；除了尽量不要喝太多手摇饮或者太甜的饮料之外，也不要经常吃冰的东西。

“那除了同学们刚才所说的之外，还有哪些对健康有帮助的事情，我们可以通过像之前上课讲的，从‘小小的改变’开始，养成自己的‘好习惯’，然后慢慢把自己的身体变得越来越健康呢？”

“可以和我哥哥比赛，看一个月里面，谁在关灯之后忍住不看手机的天数最多，输的那一方就要给赢的人100元。这样就可以养成保护眼睛的习惯。”

“我打算买一个2000毫升的水壶，和几个同学一起记录，看谁能够持续每天喝2000毫升的开水最久。这样就可以养成固定乖乖喝水的习惯。”

“事实上，我已经开始陪我老妈晨跑快两个礼拜了，我们其实现在是走走停停加跑跑，每天差不多2到3公里，精神感觉真的会变得很好。”

“听很多人说，早点睡觉会让自己长高，尤其是青春期的时候，所以，我也买了一个小小的电子手环，记录我每天睡觉的时间，尽量让自己每天晚上10点或是10点半以前上床睡觉。因为很多书都说，11点以前睡是最健康的。”

“我也决定了，以后从一个礼拜吃五次炸鸡排，减少到吃三次。这样子算不算是很有决心养成健康饮食的习惯了？”阿福说完之后，大家都嘻嘻哈哈笑了起来。

听完大家的认真交流之后，旭凯老师非常感动地对大家说：“如果身体健康，做什么事情都好；如果身体不健康，什么事情都没有办法做。所以，在这学期的最后一堂课里，老师与大家

健康的养成

分享了我们人生当中最重要的一种财富，也就是‘健康’。

“希望大家在接下来的假期里，可以试着用同学们分享的好习惯，一点一滴，从小的改变开始，让自己越来越健康，让自己越来越快乐，也让自己和身边的人都远离疾病的痛苦。最后祝福大家假期快乐，身体健康，事事顺心。”

“也祝福旭凯老师假期快乐，身体健康，事事顺心。”同学们用最热情的欢呼声为这堂幸福满满的课画下圆满的句号。随着下课铃声响起，旭凯老师一如既往地把今天课程的结论写在黑板上，让同学们把这个最重要的财富带回去：

1.“健康”，是人生最重要的“财富”，也是让我们“活得好”的关键。

2. 伤害身体的“坏习惯”，会在不知不觉中损害我们的健康，所以我们要认真地觉察，并改正它。

3. 健康，看不到也摸不到，但是通过“好习惯”，可以让健康与我们同行，这才是一辈子最富有的幸福。

思考时间

1. 想想自己有过什么样的病痛经历，在这段时间里有没有想做一些事情，但是却没有办法做到的？

2. 你有没有对健康不好的坏习惯？如果要改掉这些坏习惯，你会用什么方式，一点一滴地重新建立好习惯？